MAKEUP
HAIRSTYLE
专业美妆造型
设 | 计 | 指 | 南

化妆师联盟 编著

人民邮电出版社

北 京

图书在版编目（CIP）数据

专业美妆造型设计指南 / 化妆师联盟编著. -- 北京：
人民邮电出版社，2019.12
ISBN 978-7-115-52237-5

Ⅰ. ①专… Ⅱ. ①化… Ⅲ. ①化妆－造型设计－指南
Ⅳ. ①TS974.12-62

中国版本图书馆CIP数据核字(2019)第233620号

内 容 提 要

本书由化妆师联盟联合 26 位国内知名化妆造型师编写。全书包含 49 个造型实例、15 个妆容实例及 2 个妆容造型综合实例。为了便于读者学习，本书还附赠了 5 个妆容造型教学视频。

书中的妆容造型实例都经过了精心挑选，能很好地展现每位化妆造型师的特点。这些实例独具匠心，各有特色，通过学习，读者可以掌握多种风格的妆容造型的打造方法，在技术上得到提升，同时获得创作灵感。

本书适合初中级化妆造型师阅读，同时可供相关培训机构作为教材使用。

◆ 编　著　化妆师联盟
　　责任编辑　赵　迟
　　责任印制　马振武
◆ 人民邮电出版社出版发行　　北京市丰台区成寿寺路 11 号
　　邮编　100164　电子邮件　315@ptpress.com.cn
　　网址　http://www.ptpress.com.cn
　　北京盛通印刷股份有限公司印刷
◆ 开本：889×1194　1/16
　　印张：15.25
　　字数：595 千字　　　　　　　2019 年 12 月第 1 版
　　印数：1 - 3 000 册　　　　　2019 年 12 月北京第 1 次印刷

定价：118.00 元

读者服务热线：(010)81055410　印装质量热线：(010)81055316
反盗版热线：(010)81055315
广告经营许可证：京东工商广登字 20170147 号

Preface

序

化妆造型师作为生活服务类的技术人员，需要不断提升专业技术。

由于时尚流行趋势在不断变化，化妆造型师需要持续学习。然而，市场上各种培训、论坛和讲座层出不穷，让人无从选择，单次或者单个老师的教学已经无法满足专业化妆造型师的学习需求。鉴于此，化妆师联盟编写了本书。

化妆师联盟平台通过与名师对接，实现了专业化妆造型技术的输出，有助于更多化妆师的成长。

参与编写本书的26位老师是我们从200余位专业化妆造型师中层层筛选出来的。在此，对老师们的辛勤付出表示感谢！我们相信，这样一本集化妆技巧、发型技巧、整体形象设计为一体的专业化妆造型书，一定能够给对化妆造型有兴趣的人和正在寻求技术提升的化妆造型师带来帮助。

最后，感谢人民邮电出版社的大力支持！祝中国美业越来越好！

化妆师联盟平台创始人

Contents
目录

安迪

知名化妆师。

2006年获全国化妆造型大赛总冠军及发型组冠军。

2007年担任全国化妆造型大赛评委导师。

2008年被评为全国十佳造型师，并担任高等学校形象设计专业"十三五"规划教材和全国公立学校形象设计专业教材主编。

2013年担任《人像摄影》全国十佳化妆讲师。

2014年至今担任"名师印记"全国巡讲讲师团专家讲师。

2017年获得日本植村秀专业化妆大赛冠军。

2017—2018年担任武汉时装周、武汉时尚艺术季艺术总监。

2018—2019年担任中国名师大课明星讲师。

微博：@ANDY安迪造型教育机构

寄语："师者，传道授业解惑！"

网红轻复古巴洛克造型

造型重点

①复古发型的手推波纹一般选择向下推第一片头发，并根据模特的脸形选择适合的角度。本案例中模特的额头较宽，手推波纹可以倾斜45°，以修饰额头。

②色彩搭配是这款造型的另一个重点：眼影、唇彩、头饰都是金色的，相互呼应，让人回味无穷，增加了造型的高级感。

造型手法

①手推波纹；②单股绕发。

01

02

03

Step 01

用尖尾梳在刘海区分出大约2厘米宽的头发，并用鸭嘴夹固定。然后用尖尾梳将剩下的头发向后梳顺。

Step 02

将剩余所有头发梳顺后用橡皮筋扎成马尾，注意一定要梳理干净。

Step 03

用尖尾梳将分出的2厘米宽的发片再分成左右两份，加啫喱梳平。

04

Step 04

用尖尾梳与手配合将右侧分出的发片推出波纹，并用鸭嘴夹固定。推出的波纹要倾斜45°，以修饰额头。

Step 05

用同样的手法依次把右侧的3个波纹处理好。

Step 06

用同样的手法推左侧的波纹。

Step 07

用啫喱调整鬓角波纹的弧度。

05

06

07

08

09

10

Step 08

整理好所有的发丝，并喷上发胶定型。

Step 09

用啫喱将马尾的碎发收干净。

Step 10

对马尾进行单股绕发，然后把发梢从中间抽出。

11

Step 11

调整发髻，使造型饱满，然后用一字卡固定。

Step 12

佩戴复古风格的饰品，饰品的颜色与唇妆的颜色相呼应。

Step 13

将头纱抓出均匀的褶皱并固定在脑后。

Step 14

在颈前再围一圈头纱，调整头纱的弧度，体现出造型的风格。

12

13

14

网红新韩式新娘造型

造型重点

①空气感刘海的打造是该造型的重点之一，需要头发保持干净。

②注意发髻摆放的方向。

③掌握高刘海的处理方法，注意两边鬓角处发丝的走向。

造型手法

外翻卷。

01

02

03

Step 01

在刘海区分出一层薄薄的发片，用于打造空气感刘海，然后将剩下的头发用橡皮筋扎成一个干净的低马尾。

Step 02

用发蜡棒将边缘的碎发收干净。

Step 03

从马尾中抽出一缕头发，沿逆时针方向缠绕，把橡皮筋遮住。

04

Step 04

将马尾分成两部分，取右边的头发做成向上翻45°的外翻卷，并用U形卡固定。

Step 05

用尖尾梳将发尾梳顺，然后用同样的手法将发尾摆放成型，营造出立体饱满的感觉。

Step 06

将马尾中剩下的头发采用同样的手法做成外翻卷并固定，注意摆放的角度和位置。

Step 07

剩下的发尾用同样的手法处理，并依次用一字卡固定。

05

06

07

08

09

10

Step 08

将发尾以同样的手法固定，注意调整好位置，使造型立体饱满。

Step 09

整理梳顺，使头发具有光泽的质感。

Step 10

佩戴高贵清新的韩式饰品。

11

Step 11

调整刘海区及两侧鬓角的发丝走向。

Step 12

用电卷棒整理发丝。

Step 13

用发胶再次调整发丝的走向。

Step 14

喷上柔亮胶，打造发型的高级质感。

12

13

14

CIC

菲思美妆造型机构创始人。

菲思美妆造型机构教学技术总监。

从事化妆造型工作十年，其间参加过多位国内外老师的化妆造型培训课程，学习各位老师的技术并不断总结，逐渐形成了自己的美妆造型风格。长期研究日韩风新娘造型，执着于细节，追求简约、大气的造型风格，创作了大量新娘造型作品。服务过近千位客户，培训过30多期零基础和进修班的学员。用心录制的美妆造型教学视频在美拍平台播放后累积了20多万粉丝，得到了大家的高度认可和关注。除了技术的打磨与作品的积累，菲思造型更注重品牌经营，力求全面培养更多高品质的学员，促进美业发展。

微博：@广州菲思美妆造型

寄语："成功从来都不是偶然的。学习是基础，坚持是阶梯，每一步的小心翼翼，都承载着对这份事业的热爱。我相信，用心经营，超越自我，才能获得属于自己的那份成功。"

韩式低盘纹理感造型

造型重点

①前区保留烫发的原始纹理，一定不能用梳子梳开。整理出清晰的纹理，同时要注意拉开发片，以增加发量，并与后区衔接。

②每一个一字卡都要夹到收起的发尾，固定在内部的发根位置才能起到固定作用，不能让其显露在外边，否则会影响美观。

造型手法

①编两股辫；②抽丝；③倒梳。

Step 01

针对发质偏细软者，可在发根处喷上干发剂，增加头发的蓬松感，便于后期轻松打造高饱满度的发型。干发剂呈白色粉末状，可用吹风机清理干净。

Step 02

在前区纵向均匀取发片，然后用凹凸夹电卷棒夹住发根，让发根更显蓬松。

Step 03

将电卷棒调到中温，夹卷整条发片，每夹一下停留10秒左右即可。注意，如果电卷棒的温度过高，头发会更加毛糙，减少光泽感。另一侧采用同样的方法取发片进行正反烫发。

Step 04

前区为斜向三七分区，这样更显脸长。

Step 05

用尖尾梳将枕骨位置的头发根部倒梳，增加饱满度。

Step 06

用尖尾梳梳顺表面的头发，将后区的头发扎成低马尾，从马尾中分出一缕头发，缠绕在马尾根部，用一字卡固定。

Step 07

在低马尾中分出一股头发，编成两股辫，然后抽出发丝，制造蓬松感。

Step 08

将两股辫盘起并固定在脑后。采用同样的手法处理低马尾中剩下的头发，堆积成低盘发包。收起碎发，整理发包的纹理。

Step 09

用发蜡棒涂抹头发，处理头发毛糙的问题，增加头发表面的光泽感。

10

11

12

Step 10

将前区右侧的头发顺着烫好的纹理往后区衔接固定。注意勿梳理，发片需拉宽，遮挡住头皮容易露出的位置。

Step 11

前区左侧的头发采用同样的方法处理。

Step 12

将前区头发的发尾在低盘发包不饱满处固定，增加发型轮廓的饱满度，注意整体的衔接。

13

Step 13

在前区和后区分区处佩戴手工花环。选择的饰品颜色应该与婚纱的颜色协调，增强整体风格。

Step 14

低盘发包处也可以用发饰点缀。

Step 15

选择不同大小的发饰进行搭配。

Step 16

再次调整前区头发的纹理，拉出发丝轮廓，修饰脸形，增加发型的灵动感。

14

15

16

01

Step 01

分出前区的头发并暂时固定。

02

Step 02

将剩下的头发往后梳顺。

韩式丸子头抽丝造型

造型重点

①发型的基本结构简单，抽丝效果才能更突出；抽丝纹理要清晰，数量要适中，这样才可以增加整体发型的饱满度。

②如果要突出发型重点，就要佩戴简单的饰品。

③对后区头发整体扭转固定时，双手一定要相互配合，找到固定点后，用手压住，再用一字卡固定。

④抽丝时，一边抽出想要的弧度，一边在离发丝稍远的位置喷干胶。待发丝半干时放手，就会形成想要的高度和形态。

造型手法

①拧发；②扎丸子头；③抽丝。

Step 03

用发蜡棒涂抹头发表面，处理头发毛糙的问题。

Step 04

将处理后的头发扭转，向上固定。固定时注意要用手压住头发，防止其变形松散。

Step 05

在接近发尾的位置用一字卡固定，使造型更加牢固。

Step 06

因为剩下的发尾比较碎、乱，所以喷适量的干胶进行整理。

Step 07

用尖尾梳将发尾往后梳顺。

Step 08

用小号鸭嘴夹固定发尾，然后喷干胶定型。

Step 09

将前区的头发梳理到耳后，并用一字卡固定。

Step 10

顺着头发的纹理在前区头发的高点抽出发丝并喷干胶。待半干状态时放手，会形成具有飘逸感的发丝。

Step 11

将前区右侧头发的发尾理顺，并用无痕夹固定，喷干胶，之后取下无痕夹。

Step 12

采用同样的方法在后区抽出发丝。发丝可以从高到低排列。

Step 13

在两侧鬓角位置抽出发丝并喷干胶固定，增加整体造型的纹理感和线条感。

Step 14

在额头位置拉出发丝并整理出清晰的线条，以修饰脸形，增加刘海区的特色。

Step 15

调整发型的大轮廓，增加灵动感。

Step 16

在发际线附近发量较少的位置用发际线填充粉填充，增加前区整体的饱满度。

韩式温婉柔和风妆容

妆面重点

①刷粉底时要顺着毛孔的方向刷，这样才能使粉底更贴合皮肤的纹理。

②本案例采用从鼻翼往颧骨下方横扫的方式打腮红，这样可以让脸部看起来更饱满可爱。

Step 01 ───────

涂唇膜，软化死皮角质。

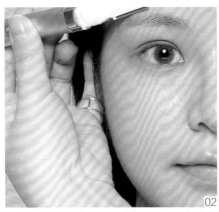

Step 02 ───────

修剪杂乱的眉毛至目标眉形。尽量减少二次
修剪，以免影响底妆效果。

Step 03 ───────

用化妆棉蘸取爽肤水，清洁脸部杂质和
油脂。

Step 04 ───────

在脸上喷上保湿喷雾，然后用手按摩至
吸收。

Step 05 ───────

使用免洗面膜进行二次保湿，然后用提拉的
方式按摩至吸收。

Step 06 ───────

使用微珠光提亮液调整肤色，增加皮肤的
光泽感。

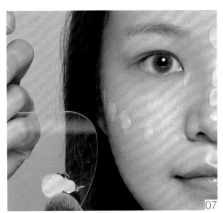

Step 07 ───────

选择与模特脸部肤色相近色号的粉底液，用
粉底刷快速、均匀地刷开。

Step 08 ───────

刷粉底时要顺着毛孔的方向刷并反复轻拍，
让粉底更伏贴。

Step 09 ───────

使用滋润感遮瑕膏遮盖黑眼圈，用手指轻压至
伏贴，根据黑眼圈的程度可重复增加。

Step 10

用眼部打底膏在上眼窝位置遮瑕，可以使眼影更伏贴。

Step 11

刷眼影前需进行轻微定妆。

Step 12

用蕾丝双眼皮贴调整两边眼睛的形状：眼皮下垂部分需提高一点，压着双眼皮的褶皱粘贴；其余位置沿双眼皮的褶皱粘贴，再用软棒调整褶皱的位置。

Step 13

因为粘贴蕾丝双眼皮贴需要用到胶水，所以在上眼影前需要再次定妆，防止眼影堆积于胶水位置，不容易晕开。

Step 14

用睫毛夹从睫毛根部开始夹起，将睫毛夹至自然卷翘的状态。

Step 15

在睫毛根部涂上睫毛定型液，避免粘贴假睫毛后出现分层的情况。

Step 16

腮红也可作为眼影使用。选择浅粉色腮红，在上眼窝及下眼睑区域打底。

Step 17

选择具有珠光感的眼影，用浅色提亮整个眼窝。

Step 18

在卧蚕处同样用浅色眼影提亮。

Step 19

选择眼影盒中颜色最深的眼影，以倒勾的手法在外眼角位置涂抹，与浅色区晕染过渡。然后用该颜色的眼影在下眼睑内眼线位置晕染。

Step 20

用咖啡色眼线液笔描画上眼线，让眼妆更显时尚、柔和。

Step 21

选择磨尖款假上睫毛，剪成一根根粘贴，使睫毛更贴合眼睛的弧度，看起来更自然。

Step 22

粘贴完成后，睁眼调整每一根睫毛的弧度，注意睫毛之间的衔接。

Step 23

在上睫毛上刷适量的睫毛膏，让真睫毛与假睫毛更贴合，呈现根根分明的效果。

Step 24

选择磨尖款下睫毛，剪开，一根根地粘贴到睫毛根部。外眼角位置稍微往下粘贴，有调整眼形的效果。

Step 25

选择强珠光浅色眼影提亮眼头位置，让眼妆更迷人。

Step 26

眼妆完成后进行局部定妆，保留皮肤局部的滋润光泽感。

Step 27

选择与发色相近的眉笔画眉毛。手部力度要轻柔，顺着眉毛的生长方向描画出适合的眉形。

Step 28

适当使用染眉膏，使眉毛与眉笔的颜色更接近，并增加整体造型的柔和感，从而达到减龄效果。

Step 29

采用后移眼影的画法延长眼线，使眼睛有拉长的效果，与脸部和眉毛的比例更协调。

Step 30

用小化妆刷从鼻翼开始往颧骨下方少量多次、由浅到深地均匀横扫腮红，让脸部看起来更饱满可爱。

Step 31

用浅色眉粉画鼻侧影，一定要少量轻扫，晕染自然，增加轻微立体感即可。

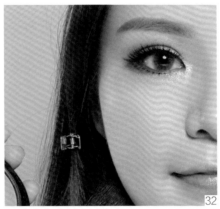

Step 32

在咬肌位置扫上少量阴影粉，修饰脸部轮廓。

Step 33

用美妆蛋以轻轻按压的方式进行唇部遮瑕，避免起皮。

Step 34

用肉粉色唇膏进行唇部打底。

Step 35

选择与深色眼影颜色接近的唇膏涂在唇心位置，往唇部外周晕染出渐变效果。

Daisy

化妆师联盟区域合伙人；

亚太杰出化妆造型师大赛专家评委；

第九届人像摄影化妆造型十佳大赛专家评委。

著有《风尚新娘发型设计实例教程》。

微博：@Daisy彩妆造型馆

寄语："我们说好的，一辈子只做一件事，专心做好一件事，无论多苦多累。"

复古典雅中式造型

造型重点

①为了营造出典雅、复古的质感，该造型结合了卷筒和手推波纹两种手法。饰品的选择也至关重要。

②立体手推波纹比较难把握，需要平时多加练习。

造型手法

①卷筒；②做内扣卷；③编三股辫；④做立体手推波纹。

Step 01

用22号电卷棒将发尾烫卷，分出中区中部的头发并扎成马尾，用橡皮筋固定。前区的头发用鸭嘴夹固定。

Step 02

在马尾中分出一片头发，将其做成连环卷筒。

Step 03

再分出一片头发，继续做成连环卷筒，固定在中区。注意卷筒的位置。

Step 04

将其中一片头发做成内扣卷，叠加在第一层卷筒上面，形成叠加卷。

Step 05

将马尾剩下的发片编成三股辫。

Step 06

将编好的三股辫紧挨着卷筒固定。

Step 07

将中区两侧的头发横向梳过来并扎在一起。

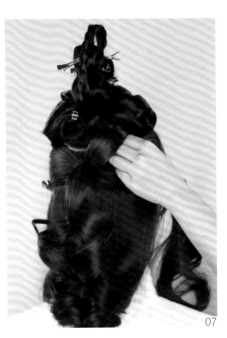

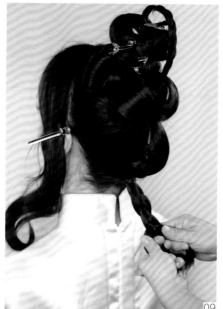

Step 08

用发蜡棒在头发表面涂抹，处理头发毛糙的问题。将后区的头发扎成低马尾，然后将中区扎起的发片做成内扣卷，衔接下面的低马尾。

Step 09

将低马尾编成三股辫。

Step 10

将编好的三股辫做成卷筒并固定在枕骨区。

Step 11

将前区的头发三七开，将右侧七分头发做成立体手推波纹，并用鸭嘴夹固定。

Step 12

继续这一操作。

Step 13

将发尾摆成圆形，固定在脑后。

Step 14

前区左侧的头发采用同样的手法处理。最后喷干胶定型，取下固定用的鸭嘴夹，戴上具有复古感的饰品。

空气感抽丝造型

造型重点

①这款造型中两股拧绳手法运用较多，应注意保持发型的光泽感。

②发包是这款造型的重点，发辫要围绕发包，整体造型要饱满。

造型手法

①两股拧绳；②抽丝；③两股添加拧绳。

Step 01 ————

用22号电卷棒以平卷的方式将头发烫卷，然后将头发分成前后两个区，前区头发用鸭嘴夹固定。

Step 02 ————

将后区头顶的头发倒梳，梳顺表面，然后拧包固定。

Step 03 ————

在右侧耳后分出一片头发，以两股拧绳的手法编至发包下方。

Step 04 ————

将编好的两股辫围绕发包固定在左侧。

Step 05 ————

将左侧耳后的头发用同样的手法编成两股辫，围绕发包固定在右侧。

Step 06 ————

将后区剩余的头发用两股拧绳的手法编起并固定在枕骨处。

07

Step 07

将前区右侧的头发分出两股，用两股添加拧绳的手法编发。

08

Step 08

编至发尾，将两股辫绕到前区头顶处固定。

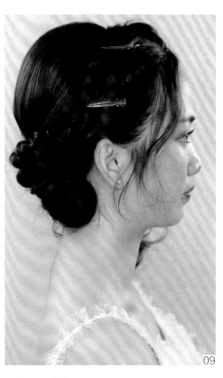

09

Step 09

用小号鸭嘴夹固定编好的辫子，并喷上干胶。

10

Step 10

前区左侧的头发采用同样的方法处理。

11

Step 11

从发辫中抽出发丝。

12

Step 12

在发辫位置戴上鲜花饰品，然后用30号电卷棒将前区剩余的发丝烫卷。

大伟

聚美妆时尚教育艺术总监；

北京国际时装周造型师；

施华洛集团特邀讲师；

全国百余家影楼工作室特邀培训导师。

微博：@JMZ-MAKEUP-大伟

寄语："要成功，就要长期等待而不焦躁，态度从容且保持敏锐，不怕挫折且充满希望。"

新娘空气感抽丝马尾造型

造型重点

①分发时要注意控制好每一份的发量；编发时要注意添加头发的方向，并保持纹理清晰。

②整体造型要饱满，不能露出头皮；抽丝要层次分明，使发丝灵动有序。

造型手法

①两股添加拧绳；②抽丝。

Step 01

将头发竖向分成5份，将中间的那份头发用两股添加拧绳的手法编至颈部并固定。

Step 02

采用同样的手法将中间左侧的头发编至颈部并固定。注意添加头发的方向。

Step 03

将中间右侧的头发采用同样的方法处理。注意添加头发的方向。添加的头发不宜过紧，要保持纹理清晰。

Step 04

采用同样的手法将左右两侧剩下的头发编好。整体造型要饱满，不要露出头皮。

Step 05

从前额处抽出发丝并整理好发丝的走向，然后喷干胶固定。

Step 06

从左侧鬓角位置抽出发丝，发丝的走向一定要清晰，发尾向后，然后喷干胶固定。

Step 07

从后区左侧抽出发丝并喷干胶定型。注意发丝的纹理感和层次感。

Step 08

后区右侧以同样的方法抽丝并固定。造型要饱满蓬松，发丝要有方向感。

Step 09

将发尾梳顺并整理松散，然后在表面抽出发丝。

Step 10

佩戴上轻盈灵动的饰品。

Step 11

整体发丝有一定的方向感，前区与后区自然衔接。

Step 12

再次调整发型轮廓和发丝的走向。

新娘空气感抽丝盘发造型

造型重点

本案例中的发型突出发丝的灵动性，轻盈的感觉让模特更具少女感。前区头发采用了两股拧绳与抽丝手法；后区头发造型饱满，通过抽丝与前区头发衔接，更显随意性。

造型手法

①两股拧绳；②抽丝；③两股添加拧绳。

Step 01

将头发分成均匀的发片，用26号电卷棒向后翻卷。

Step 02

头顶的头发一定要烫到根部，达到根部蓬松的效果，尾部轻烫即可。

Step 03

将烫好的头发分为前区和后区。

Step 04

将后区的头发用橡皮筋扎成一个低马尾。将低马尾用两股拧绳的手法编成两股辫。

Step 05

在编好的两股辫中有序地抽出发丝。

Step 06

将两股辫向上固定在枕骨处，使之呈C形。

Step 07

再次抽出发丝并喷干胶定型，增加线条感和
层次感。

Step 08

在前区左侧分出两股头发，用两股添加拧绳
的手法编发。

Step 09

将前区左侧的头发全部添加到两股辫中，一
直编到发尾，固定在后区。注意保留头发的
蓬松感。

Step 10

前区右侧采用同样的手法编发，并固定在后区。

Step 11

在头顶顺着编发的纹理抽出发丝，并喷干胶
定型。

Step 12
在前区抽出发丝，以修饰额头。

Step 13
左侧鬓角处的头发要根据烫卷的弧度整理出层次，并喷干胶定型。

Step 14
右侧鬓角处的头发采用同样的手法处理。

Step 15
抽丝完成后的发型轮廓要饱满，发丝要灵动，有透气感。

Step 16
在左耳上方佩戴饰品。

Step 17
在左侧相应位置佩戴饰品。

Step 18
固定发饰并调整发饰的位置，整理碎发。

减龄新娘妆容

妆面重点

①打造水润底妆离不开妆前充分的清洁与补水工作，这是底妆保持水润感和持久度的关键。

②粉棕色眼影能突出眼部皮肤的细腻感和清透感。假睫毛应该单根粘贴，这样看起来才会更加自然。

③面部色彩的搭配要协调，腮红的颜色与口红的颜色应相互呼应。要充分利用整体妆容的加减法，以突出优点，弱化缺点。

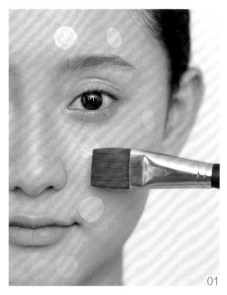

01

02

Step 01

选择颜色与肤色相近的粉底，均匀地刷在皮肤上，以提亮内轮廓，突出立体感。

Step 02

用散粉定妆时要轻薄，保留皮肤的光泽感。

03

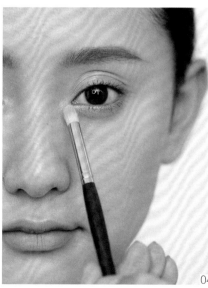

04

Step 03

先用眉粉勾画出眉毛的轮廓，再用眉笔填补线条。这样眉毛会更加自然。

Step 04

用珠光眼影提亮眼角，增加水润感。

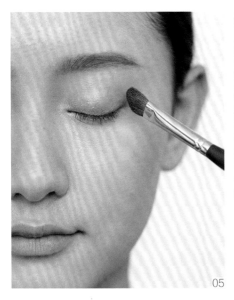

Step 05

选择带有微珠光质感的粉棕色眼影，以渐层的手法晕染上下眼睑。

Step 06

用眼线液笔勾画眼线。

Step 07

用睫毛夹夹翘睫毛。在夹翘的睫毛上刷上睫毛膏，增加睫毛密度，使睫毛根根分明。

Step 08

在睫毛根部一根根粘上假睫毛。注意选择中间偏长的假睫毛，这样可以增加可爱感。

Step 09

选择一款水粉色腮红，在苹果肌上以打圈的方式涂抹，加重层次感。

Step 10

选择肉粉色口红，均匀地涂抹于唇部，与腮红相呼应，使面部色彩协调。

付曼伶

曼视觉摄影会所创始人；

付曼伶造型创始人；

化妆造型培训讲师；

样片研发造型师。

中国人像摄影学会化妆造型与婚纱礼服专业委员会副秘书长。

2018年第九届中国摄影化妆造型十佳大赛获"金牌十佳"；

2018年度中国时尚造型师盛典获"年度杰出造型师大奖"。

西安电视台主持人形象设计师；

西安摄影化妆造型机构技术总监；

人像摄影杂志社签约造型师。

曾为多名演艺人员设计妆容及造型，工作内容涉及广告拍摄、妆容教学及样片研发等领域。

微博：@付曼伶造型

寄语："生活从不亏待每一个努力向上的人，未来的幸运都是过往努力的积攒。趁阳光正好，做你想做的事；趁你年轻，去追逐你的梦想。"

单股抽丝田园新娘造型

造型重点

①对后区的头发进行两股拧绳处理时不要露出头皮；前区的头发要贴着头皮进行两股拧绳，造型位置不要太高。

②抽丝要有纹理感，最后调整时需用16号电卷棒做出形状，用干胶定型。

造型手法

①两股添加拧绳；②抽丝；③编三股辫。

Step 01 ————

用25号电卷棒将头发全部烫卷。

Step 02 ————

将烫卷的头发整理好，并在前区发际线附近先留出一些头发。

Step 03 ————

从前区左侧的头发中分出两股头发，采用两股添加拧绳的手法编发。

Step 04 ————

将左侧的头发编好后在枕骨处固定，然后抽出发丝。

Step 05 ————

前区右侧的头发采用同样的手法处理。

Step 06 ————

将编好的发辫绕过枕骨，经过左侧后固定在头顶。

Step 07 ———

顺着发辫的纹理抽出发丝。

Step 08 ———

将后区剩下的头发编成三股辫。

Step 09 ———

在编好的三股辫中抽出发丝，表现出纹理感。

Step 10 ———

将前区留出的头发用16号电卷棒内外烫卷。

Step 11 ———

调整卷好的发卷，喷干胶定型。

Step 12 ———

选择干花饰品佩戴，与灵动的发丝相结合。

灵动抽丝油画新娘造型 ▶

造型重点

①马尾需扎到头顶位置。扎发时注意不要露出头皮，完成扎发后需要调整发型的饱满度。

②抽丝要注意层次感和纹理感，从整体造型的角度考虑。

造型手法

①两股拧绳；②抽丝。

Step 01

用25号电卷棒将头发全部烫卷。

Step 02

将烫好的头发整理好，在前区发际线附近留出几缕发丝，将剩下的头发全部扎至头顶位置。

Step 03

用猪鬃梳倒梳出小碎发。

Step 04

将马尾分成两股，采用两股拧绳的手法编至发尾，然后抽出发丝。

05

Step 05
将编好的两股辫在头顶位置盘好，然后抽出发丝。

06

Step 06
将前区留出的头发用16号电卷棒内外烫卷。

07

Step 07
将前区的发丝向右调整，调整发卷，并喷干胶定型。

08

Step 08
调整前区左侧的发卷，并喷干胶定型。

09

Step 09
选择手工花头饰戴在左侧，与灵动的发丝相结合。

10

Step 10
左侧面效果展示。

田园新娘风格妆容 ▶

妆面重点

提亮粉与腮红结合使用，打造立体精致又不失柔和的自然田园风格妆面。

Step 01

用刀片将眉毛修整齐。

Step 02

用提亮液将脸颊、T区、下颚提亮。

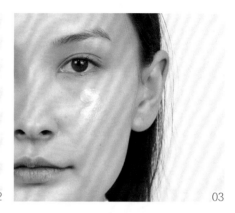

Step 03

选择RMK202粉底液。

Step 04

用刷子将粉底液在面部及脖子等处均匀涂抹。

Step 05

鼻翼两侧、嘴角等局部要细致定妆。

Step 06

眼窝处也要细致定妆。

Step 07

用眼影刷将KIKO 208眼影均匀地涂抹在上下眼睑处。

Step 08

用NARS双色金棕眼影平涂上眼睑，并将眼尾的颜色加重。

Step 09 ─────
眼影描画完成后的睁眼效果展示。

Step 10 ─────
眼影描画完成后的闭眼效果展示。

Step 11 ─────
用眼线笔勾画眼线。

Step 12 ─────
用睫毛夹将睫毛夹翘，得到根根分明的效果。

Step 13 ─────
用娇韵诗睫毛定型液将夹好的睫毛涂抹均匀。

Step 14 ─────
用植村秀眉笔画出柔和自然的眉形。

Step 15 ─────
用MAC提亮粉提亮脸颊，使妆容更加透亮、有质感。

Step 16 ─────
刷上少许腮红，并用余粉修饰脸形。

Step 17 ─────
先用浅色口红描出唇形，再用同色系深色口红加重唇色。

KIMI

化妆师联盟区域合伙人；

KIMI MAKEUP创始人兼技术总监；

KIMI手工坊创始人；

悦己汇私定影像会所联合创始人兼化妆技术总监。

国内众多品牌合作造型师，知名影视艺人合作造型师。从事化妆造型工作8年，作品涉及平面广告、T台表演、影视、婚纱摄影和教学等多个领域。创立工作室以来，坚持"时尚、精致、创新、专业"的理念，创作了大量个人作品，旨在培养出专业、全面、具备系统化造型知识和创新能力的高素质人才。

微博：@KIMI时尚化妆造型培训

寄语："化妆是一个集审美、技术、学识于一体的综合性学科，需要长时间的积累和练习；化妆也是一种思想的输出、艺术的表达，有创造力且有生命的作品才能打动人心。"

轻复古手推波纹造型

造型重点

打造手推波纹的重点在于，设计出S形的波纹形状，使发型具有复古、优雅的韵味，呈现出女性柔美的一面。

造型手法

手推波纹。

Step 01
用气囊梳将烫卷的头发梳开。

Step 02
将头发分成3个区：左右刘海区和后区。将后区的头发扎成低马尾。

Step 03
将低马尾收成发髻，并用一字卡固定。

Step 04
将两侧刘海区的头发分别分成上下两部分。

Step 05
将两侧刘海区下部的头发分别梳到耳后，与后区的头发衔接。

Step 06
将两侧刘海区上部的头发按Z形二八分开。

Step 07
用手抓住右侧刘海区的头发，借助手与鸭嘴夹确定第一个波纹的弧度。

08

09

10

Step 08

用鸭嘴夹固定第一个波纹。

Step 09

继续借助手与鸭嘴夹推出第二个波纹并固定。

Step 10

继续推出波纹，并把最后一个波纹固定在耳后。

11

Step 11

左侧刘海区的头发采用同样的手法处理。

Step 12

喷干胶让波纹定型。

Step 13

将刘海区手推波纹剩下的头发与发髻结合。

Step 14

取下定位用的鸭嘴夹，戴上具有复古感的饰品。

12

13

14

日系轻复古造型

造型重点

①这款造型相对比较简单，前期的烫发关系到复古波浪卷的打造，需要特别注意，一定要表现出蓬松感。

②饰品的选择要与发型的风格相吻合，一款精致的饰品往往能起到画龙点睛的作用。比如，这款发型的金色饰品就能使发型的复古韵味十足。

造型手法

①做波浪卷；②两股添加拧绳；③抽丝。

Step 01

将头发分成刘海区和后区。

Step 02

分区域将所有头发烫卷。

Step 03

将烫卷后的头发梳开打散，然后将刘海中分。

Step 04

将左侧刘海区的头发进行两股添加拧绳处理，边拧边添加左侧的头发，编到耳后即可，用一字卡固定。

Step 05 ————

右侧刘海区的头发采用同样的手法处理。

Step 06 ————

将未拧绳的卷发抽松，制造出蓬松感。

Step 07 ————

在两侧鬓角处抽一小缕头发，在脸颊上摆出造型，并用发蜡固定。

Step 08 ————

戴上金色的头饰。

Step 09 ————

对后区的卷发进行抽丝，做出蓬松的效果，并用干胶定型。

轻复古新娘妆容

妆面重点

①使底妆轻、薄、透、亮是这款妆容的重点。特别提醒，粉扑应该是湿润的。

②这款妆容不宜使用假睫毛，用睫毛膏塑造模特本身的睫毛会更加自然且有韵味。

Step 01
护肤结束后用VDL高光提亮液提亮高光区。

Step 02
选择与模特肤色接近或比模特肤色亮一号的粉底液均匀点在脸上。

Step 03
用粉底刷顺着毛孔的方向均匀地打粉底。

Step 04
使用超细腻海绵粉扑，以轻拍的方式将化妆刷没有刷匀的粉底拍匀，并吸掉多余的粉底液，从而使底妆轻薄、透亮。

Step 05

使用NARS遮瑕液对黑眼圈和眼袋进行遮瑕。

Step 06

用定妆粉逆着毛孔的方向定妆，注意遵循"少量多次"的原则。

Step 07

选用NARS暖橙色微珠光眼影打底，晕染在上眼睑处。

Step 08

为了使眼部更有立体感和神韵，在上眼睑靠近睫毛根部双眼皮以内的位置，以下深上浅的层次晕染一层大地色眼影。

Step 09

用深咖色眼线液笔在睫毛根部自然流畅地画出眼线。

Step 10

用睫毛夹从睫毛根部将睫毛夹翘至弧形。

Step 11

用睫毛膏从睫毛根部向上刷，刷出根根分明且卷翘的睫毛。

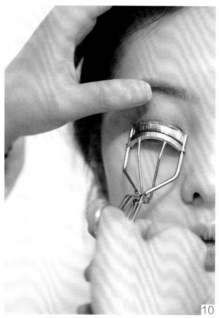

Step 12
用同样的手法处理下睫毛，切记勿刷成"苍蝇腿"。

Step 13
用浅咖色眉笔画出自然、有层次的眉形。

Step 14
在笑肌处向斜上方晕染腮红。

Step 15
蘸取少量高光粉，轻扫在高光区。

Step 16
使用小圆头刷蘸取少量阴影粉晕染鼻侧影，使鼻子更加立体。

Step 17
使用斜头刷在颧骨下方扫上暗影，并与腮红衔接，使面部更加立体。

Step 18
用橘红色口红从唇中间向两侧晕染，不要画出唇的边缘线。

妙妙

妙妙新娘馆创办人。

微博：@妙妙新娘馆

寄语："不要在应该最美的年纪选择普通，你完全可以通过色彩让自己活得更精彩！"

卷筒技法之高贵盘发造型

造型重点

①这款造型的重点是高盘发，整体轮廓要饱满，突出外轮廓的线条感和层次感。

②这款造型主要运用了卷筒设计，既有单卷又有连环卷。做卷筒的发片要保持干净，这样整体造型的纹理才会更加清晰。

造型手法

①卷筒；②高盘发。

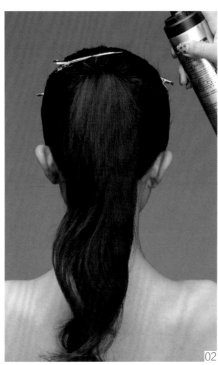

Step 01

竖向分发片，用32号电卷棒将头发烫卷。

Step 02

将烫卷后的头发扎成一个高马尾，作为发型的中心点。然后喷干胶，把碎发处理干净。

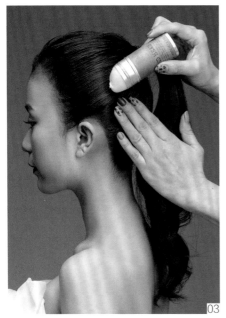

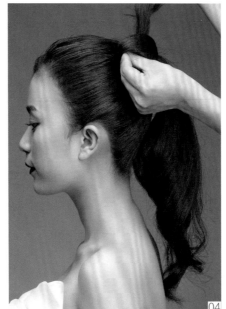

Step 03
借助造型产品（如发蜡）再次处理表面的碎发，让头发显得干净光滑。

Step 04
在高马尾中分出一条发片，以向前打卷的方式卷起并固定，然后将发尾继续打卷固定（做成连环卷）。

Step 05
继续分发片，用打卷的方式卷起并固定。注意发卷的大小和方向，以及相互之间的衔接。若头发表面毛糙，可抹一些发蜡。

Step 06
继续分发片，围绕中心点设计卷筒。

Step 07
将高马尾的头发都设计成卷筒。设计卷筒时要让发髻饱满，不能过宽或过窄。

Step 08
喷上干胶定型。层层叠叠的卷筒让发髻更加精致，更具特色。

Step 09
戴上精致的饰品，造型完成。此款造型可以搭配头纱。

卷筒技法之法式盘发造型

造型重点

这款法式盘发造型用内外翻卷手法把干净整洁的发丝做成柔美的卷筒，再让卷筒环环相扣，打造唯美光洁的低发髻。

造型手法

①卷筒；②盘发。

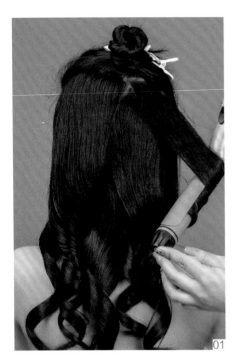

Step 01

竖向分发片，用电卷棒将发尾烫卷。烫卷的方向统一朝内，刘海区的头发梳顺即可。

Step 02

将烫卷后的头发分成上区和下区。

Step 03

上区的头发先固定一下，下区的头发扎成一个低马尾。借助造型产品（如发蜡）处理头发表面的碎发，让头发显得干净光滑。

Step 04

将上区的头发分成左右两份，将其交叉向中心点收拢，固定在低马尾上。

Step 05

调整好发片的层次和纹理，并用U形卡固定。

Step 06

将剩下的头发分成多个发片，向内打卷固定，分布在枕骨下方。

Step 07

采用同样的手法将剩下的头发固定好，需做到从后方看发型的外轮廓是饱满的。最后喷干胶定型。

Step 08

完成效果展示，发型层次分明。

Step 09

戴上绢花饰品，让发型更精美。

Step 10

左侧面效果展示。此款造型可以搭配头纱。

清新淡雅新娘妆容

妆面重点

①为了使底妆清透、干净、自然，局部的瑕疵要细致修饰。

②眼妆色彩要自然过渡，睫毛要微微上翘。

③腮红与妆感要协调，脸部轮廓做无痕修饰。

Step 01

底妆完成后，用眼影刷蘸取浅米色微珠光眼影，涂抹整个眼窝和眼周，起到提亮眼周并使深色眼影更显色的作用。

Step 02

蘸取有一定光泽感的米色眼影，以平涂的方式涂抹眼窝，范围不可超出提亮色，而且晕染要自然。

Step 03

使用带有同样光泽感的米褐色眼影涂抹下眼睑，由外眼角向内涂抹至下眼睑的2/3处，注意控制好涂抹范围。

Step 04

将上眼睑稍微向上提拉，然后用眼线刷蘸取棕色眼线膏描画内眼线。眼线需画在睫毛根部，且晕染要自然。棕色眼线可让眼神更加柔和。

Step 05

将睫毛梳顺，然后用睫毛夹分三段夹翘睫毛。夹睫毛时要仔细，眼头和眼尾部分的睫毛也一定要夹到位。

Step 06

选择清透型的睫毛膏轻刷睫毛，使睫毛根根分明并定型。注意保持睫毛自然，不必大量涂抹睫毛膏。

Step 07

用双眼皮胶带调整双眼皮的宽度，使眼睛更加漂亮有神。

Step 08

使用螺旋刷沿眉毛的生长方向轻刷眉毛，在扫掉余粉的同时梳理眉毛，使眉形清晰，眉毛根根分明。

Step 09

用灰黑色眉笔将眉毛的底色加深，然后沿着眉毛的生长方向精细描画。描画时需确保线条流畅，眉峰不宜过高，眉头要自然且颜色不宜太深。

Step 10 ──────

用睫毛钢梳将已干透的睫毛慢慢梳开，使其根根分明，更加自然。

Step 11 ──────

使用刷头较小的睫毛膏，少量多次地轻刷下睫毛。如果睫毛粘在一起，可用睫毛钢梳梳理开，使其根根分明。

Step 12 ──────

选择清透自然款的假睫毛，紧挨着睫毛根部进行粘贴，让真假睫毛自然衔接，避免分层。

Step 13 ──────

用眼线液笔将真假睫毛的空隙处填满，避免"露白"，然后沿外眼角将其延长，以修饰眼形。

Step 14 ──────

选择清透自然款睫毛膏，填补下睫毛。

Step 15 ──────

整体眼妆的色彩展示。眼妆要符合人物的气质，做到不俗气且自然、高级。

Step 16 ──────

用腮红刷蘸取蜜粉色腮红，轻刷颧骨的最高点，并慢慢向四周晕染开，过渡需柔和自然。

Step 17 ──────

保持唇部滋润，用橘红色口红均匀地涂抹唇部，确保唇色饱满，唇线边缘干净完整。

Moonny

化妆师联盟区域合伙人；
Moonny Wedding Production
婚纱摄影公司创始人；
香港梦妮国际化妆学校校长及创
始人。
世界美妆大会发起人，香港众多演
艺人员的合作化妆师。
微博：@香港金钻导师Moonny

寄语："有梦想谁都了不起，能坚
持就会有奇迹！"

优雅低盘发新娘造型

造型重点

①三股反编时要尽量将头发拉松一点，这样发型看起来才会更加饱满。

②用真发与假发片结合做成发髻。假发片要与真发衔接自然，不能露
出假发片与真发片的接缝，固定用的一字卡和U形卡也不要露出来。

③可以先戴上侧面的头饰再抽丝，避免后戴头饰把刘海压变形。

造型手法

①编三股辫；②三股反编；③抽丝。

Step 01

将刘海四六分开并梳顺。

Step 02

在头顶位置分出椭圆形的发区，倒梳后将表面梳理干净，扎成马尾并向上固定。将下方的头发扎成一个低马尾。

Step 03

将假发片放在低马尾下面并与低马尾扎在一起，梳顺表面。

Step 04

将低马尾窝成低发髻，用一字卡固定。将顶区的马尾拉下来。

Step 05

将马尾编成三股辫。

Step 06

拉松三股辫并顺时针旋转，固定在低发髻上。

Step 07

将刘海区中间的头发用三股反编的手法
编发，然后将发辫拉松，向后固定在低发
髻上。

Step 08

将刘海区右侧的头发编成三股辫。

Step 09

将编好的三股编和低发髻进行衔接，然后
将发辫拉松。刘海区左侧采用同样的手法
处理。

Step 10

用卷发棒将刘海区剩余的头发卷出层次感。

Step 11

调整发丝的走向，然后佩戴头饰，营造饱
满感。

摩小跳

TIAO Makeup创始人兼技术总监，品牌秀场指定化妆造型师。

从事化妆造型行业10年，作品涉及广告、杂志、T台表演、婚纱摄影和教学等多个领域。希望成就女性的精致美妆梦想，让每位女性都能找到专属自己的美。

微博：@摩小跳美妆造型STUDIO

寄语："选择一个美好的行业，做一个美好的人，分享美，传播爱，坚定地走下去，你会有意想不到的收获！"

轻薄裸感少女妆容

妆面重点

①少女妆的重点在于自然的裸妆感。

②通过眼影的叠加上色，呈现渐变的效果，让眼睛看上去更立体深邃。

Step 01

用爽肤水、润肤乳、润肤霜和精华滋润脸部，避免上妆时脸部太干燥。

Step 02

取一款带有微珠光的妆前乳，点涂于面部需要提亮的部位，起到提亮肤色的作用。涂抹时注意要均匀、自然。

Step 03

用海绵扑少量多次地蘸取粉底液，以垂直点拍的方式均匀涂抹于面部。粉底液的色号需根据模特脖子的颜色来选择，避免上妆后出现明显的色差。

Step 04

用棉签蘸取科颜氏润唇膏，涂抹于唇部。

Step 05

蘸取适量定妆粉，涂抹于眼部周围，以按压的方式定妆。

Step 06

蘸取适量带微珠光的大地色眼影，平涂于上眼睑处，打底的同时给眼部增加光泽感。

Step 07

选择一款金棕色眼影作为表现色，涂抹上眼睑，起到颜色叠加的作用，使眼影呈现渐变的效果。

Step 08

选择一款橘色眼影，涂抹上眼睑眼尾处。

Step 09

下眼睑的处理方式与上眼睑基本相同：先用带有微珠光的眼影涂抹下眼睑，然后用金棕色眼影涂抹下眼睑眼尾处，再用橘色眼影叠加眼尾，增加层次感。

Step 10

选用微珠光眼影，提亮眼部。

Step 11

选择一款棕色眼线液笔，流畅地画出眼线。

Step 12

用睫毛刷清理睫毛上的粉底和眼影残渣，然后提拉上眼睑，用睫毛夹均匀地夹翘睫毛。

Step 13

用睫毛定型液刷睫毛根部，使睫毛定型。

Step 14

将假睫毛分段剪开，然后从眼头开始，将假睫毛沿着真睫毛根部进行粘贴。

Step 15

顺着眉毛的生长方向用螺旋刷轻轻地梳理眉毛，使眉毛变整齐的同时，将眉毛上的粉底残渣清理干净，让眉毛看起来清爽、自然。

Step 16

先用棕色眉粉打底，眉尾用黑色眉笔勾出根根分明的效果。

Step 17

选择一款无色眉毛定型液，涂抹眉毛，让眉毛不容易掉色。

Step 18

以Z形手法刷睫毛膏，让睫毛显得更加纤长和浓密。

Step 19

用比第一层底妆白一个色号的粉底提亮亮部区域，塑造面部的立体感。

Step 20

用比第一层粉底暗两个色号的粉底涂抹暗部区域，塑造面部的立体感。

Step 21

用定妆刷蘸取适量定妆粉，轻扫面部。

Step 22

选择一款眉粉，修饰两侧鼻翼，塑造面部的立体感。

Step 23

选择一款腮红，斜扫于颧骨处。

Step 24

选择一款颜色符合整体妆面风格的口红。用唇刷蘸取适量口红，涂抹唇部。涂抹时一定要注意将唇部边缘线处理干净，整个唇部要饱满、自然。

Lisa

成都WE尚美妆教育培训学校化妆组教学部总监；古摄影总店化妆师；成都天长地久婚纱摄影化妆总监；成都凡客映像摄影造型工作室创始人。

微博：@WE尚化妆造型培训学校

寄语："化妆是源于生活的艺术创作，灵感总是来源于对其持续的热情。热爱它，它就能让你发光！"

仙气灵动新娘造型

造型重点

①整个造型的基点在顶区，整体形状为圆形。前区分出较长的刘海，便于与后区衔接。刘海无须刻意压紧，应保持蓬松。

②饰品的选择和佩戴的位置都需要注意；前后的发卷要衔接自然，注意烫卷的手法和角度，整体造型应内实外虚。

造型手法

①手撕小卷；②抽丝。

01

Step 01
用中号电卷棒将头发烫卷，分出刘海区的头发。将顶区的头发固定成一个丸子形状，将其作为基点。

02

Step 02
将后区的头发用拧转的手法向上固定，与基点结合。

03

Step 03
抽出发丝，将造型调整为圆形。

04

Step 04
修正顶区的整体轮廓，以配合模特的脸形。在抽出的发丝上喷少许干胶。

05

Step 05
选择有延伸感的浅色轻盈发饰，佩戴在刘海与顶区之间，注意调整饰品的角度。

06

Step 06
佩戴一款羽毛配饰，使造型更加饱满。

Step 07

用小号电卷棒将刘海区的头发烫卷。

Step 08

撕开发束，营造毛茸茸的感觉，注意与饰品衔接。

Step 09

继续在顶区的圆形造型上抽丝。

Step 10

用手撕开顶区圆形造型的发尾，呼应刘海区的发卷，营造轻盈通透的层次感。

Step 11

整理每个区域发丝的位置，注意区域间的结合，然后喷干胶定型。

Step 12

侧面效果展示。

日系风尚新娘造型

造型重点

①分区的时候要考虑到各个区域之间的自然结合；整体造型应内实外虚，发丝轻盈。

②前区的发卷要对脸形进行修饰，与饰品搭配后，整体效果应灵活、美丽。

造型手法

①两股拧绳；②抽丝；③两股添加拧绳；④手摆波纹；⑤编三股辫。

Step 01

选用中号电卷棒，将所有头发烫卷。

Step 02

分出刘海区，整理碎发。

Step 03

在顶区分出一个倒水滴形的发束，采用两股拧绳的手法编至枕骨处，向上轻推后用一字卡固定，作为整体造型的基点。

Step 04

在顶区抽出发丝，注意发丝的取量要适中。

Step 05

在右侧取适量的头发，采用两股添加拧绳的手法编至基点处并固定。

Step 06

将左侧的头发用同样的手法处理。

Step 07

将刘海区的头发做手摆波纹处理，并撕出空气感刘海，避免过于死板。发尾与后面的头发自然衔接。

Step 08

将左右两侧剩下的头发拧转汇聚于枕骨处并固定，然后抽出发丝。

Step 09

将后面剩余的头发用编三股辫的手法收干净，并用橡皮筋固定。

Step 10

抽松编好的三股辫，再抽出少量发丝，营造轻盈通透的层次感。

Step 11

整理每个区域发丝的位置，注意区域间的结合，然后喷干胶定型。

Step 12

佩戴裸粉色羽毛头饰，两侧以不对称的方式佩戴。顶区结合有延伸感的同色系发饰，打造饱满的发型轮廓。

刘娟

成都美力形象学院校长；

化妆师、形象设计师，高级美容师，化妆评判长。

四川旅游学院人物形象设计专业特聘讲师。

2010年担任"快乐男声"成都赛区化妆指导；

2010年担任四川电视台栏目化妆指导；

2012年担任"维多利亚的秘密"内衣秀特约化妆造型总监；

2016年担任CIP（Certified International Professional Management Association，国际职业认证管理协会）国际美业大赛专家评委；

2017年担任第八届中国摄影化妆造型十佳大赛决赛评委；

2018年担任第九届中国摄影化妆造型十佳大赛西南赛区评委；

2018年担任第九届中国摄影化妆造型十佳大赛决赛评委。

《今日人像》《人像摄影》等杂志媒体的特约撰稿人。

微博：@化妆造型师-娟子-Sir

寄语："只有自己才是自己进步过程中最大的敌人。"

三加二编发抽丝新娘造型

造型重点

①卷发时尽量将头发卷到发根。

②三加二编发时，发片分区要均匀，辫子要居中，且不能太紧。

③根据模特的脸形打造刘海线条，注意修饰脸形。

④抽丝线条要流畅，从每个角度看造型都要饱满。

造型手法

①三加二编发；②编三股辫；③抽丝。

Step 01 ———

用22号电卷棒将头发外翻烫卷。

Step 02 ———

分出刘海区，然后从顶区开始采用三加二编发的手法进行编发。

Step 03 ———

从顶区一直编到枕骨处，注意发片要均匀。发际线附近要留出少许发丝。

Step 04 ———

剩下的头发采用编三股辫的手法编完。

Step 05 ———

编完后检查发辫的纹理，用橡皮筋固定发辫。

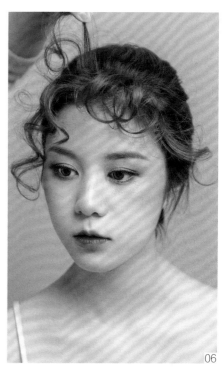

Step 06 ———

从发际线附近抽出发丝。发丝的走向一定要清晰。

Step 07 ———

确定好发丝的弧度后用干胶定型，注意要修饰脸形。

Step 08 ———

将鬓角处烫好的发卷撕开，整理好卷度，喷干胶定型。

Step 09 ———

在发际线中间位置佩戴头饰，整理发丝，将发丝和头饰更好地结合在一起。

Step 10 ———

从顶区开始由上至下抽丝，注意观察每个角度的弧度。

Step 11 ———

根据辫子的纹理依次抽丝，同时注意观察弧度和饱满度。

Step 12 ———

继续佩戴头饰，与发丝相结合。

复古水波纹造型

造型重点

①为了使整体造型更加饱满，采用倒梳的手法处理，尤其要注意刘海区倒梳的高度和饱满度，修饰脸形。

②在处理发卷的弧度时要结合烫发的纹理，掌握定位夹的使用方法。

造型手法

①倒梳；②外翻烫卷；③手推波纹。

Step 01 ———

用22号电卷棒将头发外翻烫卷。

Step 02 ———

将刘海区的头发三七分，分区线条呈圆弧形。

Step 03 ———

从顶区到后区分出3层或4层发片，将头发根部倒梳，使造型饱满。

Step 04 ———

用包发梳从侧区开始一边梳一边整理发丝，统一发丝的走向。

Step 05 ———

整理好侧区的头发后用无痕夹固定。

Step 06 ———

将刘海区的头发倒梳，呈现一定的高度和饱满度。

Step 07 ────────

整理好刘海的弧度，并用干胶定型。

Step 08 ────────

根据发丝的卷度整理侧区的线条，注意修饰脸形。

Step 09 ────────

整理好头发的弧度后用定位夹固定，然后喷干胶定型。

Step 10 ────────

一边梳理后区的头发一边整理发丝，统一发丝的走向。

Step 11 ────────

将侧区的定位夹取下，整理好头发的线条并收干净碎发。

Step 12 ────────

根据脸形佩戴头饰。

清新少女妆容

①妆前保湿工作要做到位。

②整体妆容的特点是轻、薄、自然，有年轻感。

③用色要统一，注意颜色的过渡。

Step 01

先做好妆前皮肤的保湿工作。选择比肤色稍深一号的遮瑕膏，采用点压的手法少量多次地进行局部遮瑕，注意颜色过渡。

Step 02

选择与肤色相近的粉底液，在面部用粉底刷少量多次地涂抹均匀。

Step 03

选择米色微珠光高光粉，将眼部、T区、太阳穴、下巴和唇峰处提亮。

Step 04

选择肉粉色眼影，从睫毛根部以打圈的方式由内向外晕染至眼窝处。下眼影的涂抹重点在外眼角处，由深到浅过渡至内眼角。

Step 05

选择同色系深色眼影，重点涂抹外眼角，由外往内扩散，位置不要超过上眼睑的1/2处。

Step 06

选择同色系浅色眼影，重点涂抹上眼睑的中间位置，向周围扩散，注意涂抹的面积不能太大。

Step 07

用棕色眼线液笔沿着睫毛根部画出内眼线。

Step 08

用睫毛夹从睫毛根部夹起，分3次由内到外把睫毛夹翘。

Step 09

将睫毛定型膏重点刷在睫毛根部，为睫毛定型。

Step 10

选用透明梗自然型假睫毛，将假睫毛剪成5段左右，根据模特的眼形由内向外贴。

Step 11

选用小刷头睫毛膏，将下睫毛少量多次地刷开。

Step 12

先用和发色相近的眉粉填充眉毛空缺处，再用眉笔打造眉毛的层次感。

Step 13

选用橘粉色腮红，以C形涂抹手法涂抹在外眼角和颧骨连接处。

Step 14

先用裸粉色口红涂整唇，再用较深颜色的口红涂嘴唇内侧，突出层次感。

Step 15

妆面完成。

潘燕萍

广州燕珊美学设计学院创始人；
错层支撑法眼妆矫正术创始人；
燕珊灵动招展抽丝技法创始人。
广东电视台特邀化妆造型师；电视剧
《爸爸不容易》剧组化妆师；金巧巧
私人形象设计师；多项全国化妆大
赛主任评委。2014年全国美业金尚
奖获奖者；2015年被邀请赴韩国进
行学术交流；2016年担任中国国际
美妆节化妆组评委；2016年担任亚
洲美业风云榜年度颁奖盛典暨CMY
化妆纹饰邀请赛化妆组评判长。多
家影楼特聘化妆造型内训讲师。
微博：@广州燕珊化妆半永久培训

寄语："还没有开始，就没有资格说
放弃。"

新中式复古新娘造型

造型重点

通过运用传统单卷的手法，打造层次非常丰富的包发造型。很多化妆
师在做此款造型时会遇到卡子外露及发片不知如何摆放的问题，因此
需要注意烫卷和使用一字卡的方法。

造型手法

①手摆波纹；②拧绳；③传统单卷。

Step 01

在前区发际线处分出一小片头发。

Step 02

给分出的头发均匀抹上啫喱，用尖尾梳摆出弧度。

Step 03

将摆好的头发以打圈的方式收尾,让波纹更柔和。

Step 04

分出刘海区中间的头发,将其做成小拱形,并用一字卡固定。

Step 05

将后区的头发分成3个部分,并用橡皮筋扎紧固定,然后将头顶的头发拧紧。

Step 06

将头顶拧紧的头发窝成小髻并固定。

Step 07

将刘海区右侧的头发梳出弧度,拧紧后固定在耳后。

Step 08

将发尾在后区摆放好,注意弧度。刘海区左侧的头发采用同样的方法处理。

Step 09

从后区中间的马尾中分出发片,往上打卷。注意头发表面一定要光滑干净。

Step 10

为了让头发更有层次感，可选用22号电卷棒将后区中间的头发烫卷后再定型，效果更佳。

Step 11

根据烫好的发片弧度做发卷，一个内卷连接一个外翻卷。

Step 12

用鸭嘴夹将头发固定在合适的位置，必须在每个下夹的位置喷上干胶定型。

Step 13

待定型后将鸭嘴夹取下，发片自然与下面的头发粘连，用小号的U形卡固定即可。

Step 14

用同样的方法处理后区下方的头发。

Step 15

在后区对称搭配饰品，拉宽造型的横向距离。

Step 16

头顶用夸张的饰品搭配，使造型更显大气奢华。

时尚轻奢复古造型

造型重点

①轻复古造型是一种符合现代审美的、带有复古元素的造型。打造造型的过程中融入了现代流行的手法，让造型具有减龄的效果，并且还能增添甜美感。

②烫发是造型的关键。如果头发没有烫好，造型的纹理就会变得生硬。

③前区头发的发量要少，否则容易显得厚重；要注意手摆波纹造型呈S形，每个纹理都要细致处理，不能马虎，避免造型出现不伏贴的现象。

造型手法

①烫卷；②撕发；③手摆波纹。

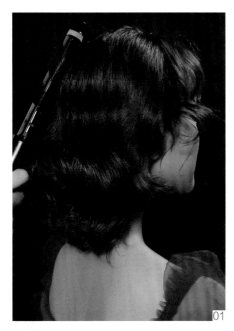

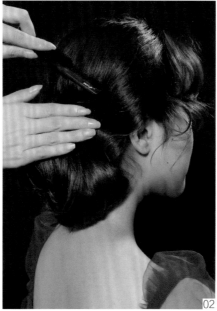

Step 01

竖向分发片。用19号电卷棒将头发烫卷。如果头发偏长，可选用22号电卷棒。

Step 02

将烫卷后的头发梳开并抹上发蜡，使其更光滑。

Step 03

在头发凹陷处用鸭嘴夹夹住，并喷干胶定型。

Step 04

将后区头发的发尾分成3个部分，将发尾内扣并用一字卡固定。

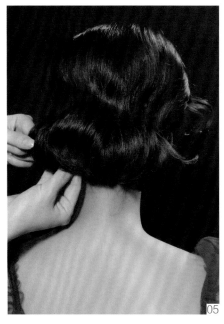

Step 05

细微调整，尽量让头发的底端处于同一水平线上，取下鸭嘴夹。

Step 06

用19号电卷棒将刘海区的头发烫成内卷。

Step 07

按照发丝烫卷的弧度将右侧刘海区的头发撕开，扯出镂空的纹理。

Step 08

容易起翘的位置用无痕夹固定，并喷上干胶定型，待定型后拆下无痕夹即可。

Step 09

发尾用手撕开，目的是使造型更灵动、饱满。

Step 10

将左侧刘海区的头发梳顺，并横向分发片。

Step 11

将分好的发片用19号电卷棒烫成内卷。注意一定要尽量烫到靠近头发根部，使头发根部更蓬松。

Step 12

将烫好的卷发梳开，然后用小号鸭嘴夹把发际线处的头发横向夹住，形成拱形。

Step 13

用尖尾梳与手结合，按照烫卷的纹理摆出C形弧度。

Step 14

注意头发摆放的弧度是一前一后的，使造型层次更明显。

Step 15

往后的纹理必须要用小号鸭嘴夹暂时定型，使头发更伏贴，不易变形。

Step 16

将发尾用尖尾梳理顺，摆出弧度。

Step 17

将发片撕开，使造型更加灵动，然后喷干胶定型。定型完成后取下鸭嘴夹。

Step 18

搭配流行的饰品，使造型更奢华，更显年轻。

灵动减龄抽丝造型

造型重点

①用简单随意的线条突出脸形，用皇冠头饰提高整体造型的奢华感和甜美度，佐以个性的抽丝卷发，使整体造型极具柔和感。

②此款造型利用抽丝手法，将整个造型的饱满度和灵动感表现得淋漓尽致，发型重点在于对发丝的形和质的掌握。"形"是指造型中出现的纹理形状都呈现柔和的C形弧度；"质"是指造型中发丝的质量。这是很多化妆造型师抽丝时经常会遇到的痛点，抽丝时注意C形弧度里的发丝要排列有序，不能交错。

造型手法

①拧绳；②抽丝。

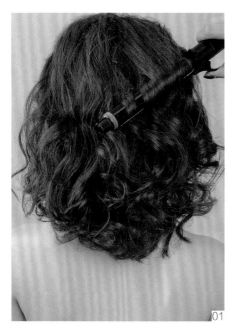

Step 01
用22号电卷棒将头发平烫内卷。

Step 02
分出刘海区，然后将刘海区中间的头发向后拧紧固定。

Step 03
将拧好的头发抽丝并整理纹理。

Step 04
将中间的发丝尽量拉高，使之呈C形，然后用少量干胶定型。

Step 05
将两侧和头顶的头发聚拢起来。

Step 06
将聚拢的头发拧紧，再将发丝抽松。

Step 07
将抽好发丝的头发扭成发髻，并固定在头顶。

Step 08
分别从左右两侧耳后的头发中分出发片，采用拧绳的手法处理，并抽出发丝。

Step 09
将拧好的头发与头顶的发髻固定在一起，然后抽出C形弧度的发丝，并用少量干胶定型。

Step 10
将后区剩余的头发拧紧，并抽丝。

Step 11
将处理好的头发向上固定在枕骨处，发尾露在外面，以备做纹理时使用。

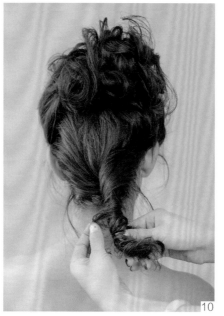

Step 12

在后区抽丝，从侧面能明显看到镂空的纹理和C形弧度，然后喷少量干胶定型。

Step 13

在后区发际线位置扯下少量发丝，用22号电卷棒烫内卷。

Step 14

将烫好的发丝尽量拉高，并喷干胶定型。

Step 15

从前区发际线附近分出少量发丝，并用电卷棒整理成C形。

Step 16

两侧鬓角处的头发也用22号电卷棒烫卷。

Step 17

将头发整理出纹理，并喷干胶定型。

Step 18

佩戴少女感十足的星星皇冠，使之与颈饰相呼应，使整体造型奢华中带有俏皮感。

素素

Only彩妆婚礼馆创始人；
中国化妆十佳金牌讲师。
2017年担任亚太十杰化妆大赛总决赛专家；
2015年及2017年担任化妆师联盟全国巡演特邀评委；
2018年担任化妆师联盟特邀讲师。
众多国际品牌官方拍摄及演艺人员指定造型师。
微博：@Only彩妆婚礼馆

寄语："世上会贬值的东西太多，唯有学到的技术能让你有足够的安全感。"

新中式中国风造型

造型重点

①干净光洁的盘发是中式造型的重点；新中式造型融入微抽丝手法，结合传统的包发，增加了造型灵动的气息。

②这款造型选择中式传统饰品与鲜花结合，不仅能彰显新娘温文尔雅的气质，而且能表现出新娘的朝气与灵动。中式造型以往都是佩戴金簪、玉石，讲究金玉良缘，但过多的金簪饰品却有沉重、冗余及浮夸之感。想要化繁重为淡雅，不妨试试鲜花的点缀。

造型手法

①倒梳；②抽丝；③卷筒。

Step 01

将头发分成5个部分：中间刘海区（呈V形）、左侧刘海区、右侧刘海区、顶区和后区。注意分区线要干净。

Step 02

用发蜡棒将中间刘海区的碎发收干净。如果新娘的发量较少，则需要倒梳，使造型饱满。

Step 03

将中间刘海区的头发分成两条发片。将左侧的发片轻轻拧转到右侧，并用鸭嘴夹固定。接着轻轻抽出发丝，多次慢抽，调整发丝。

Step 04

将中间刘海区的另一条发片也用发蜡棒收干净碎发，然后轻轻拧转到右侧固定，注意衔接。

Step 05

左手压着拧转的位置，右手轻轻抽出发丝，然后下鸭嘴夹固定。

Step 06

将右侧刘海区的头发梳顺并收干净碎发，然后用鸭嘴夹在耳朵上方固定。

Step 07

左侧刘海区采用同样的方法处理。注意，如果新娘发量偏少，要先倒梳。

Step 08

将右侧刘海区的发尾向上做卷筒，斜放在耳朵上方，用鸭嘴夹固定。

Step 09

将剩下的发尾向下做卷筒，用鸭嘴夹固定。

Step 10

在卷筒边缘抽出一些发丝，注意不要一次性抽太多。左侧刘海区的头发采用同样的手法处理。

Step 11

将顶区的头发扎成高马尾，然后分出一条发片，向上翻，做成卷筒，并用鸭嘴夹固定。注意收干净碎发。

Step 12

发尾用发蜡棒收干净碎发。

Step 13

将收干净碎发的发尾向上翻，做成卷筒，叠放在第一个卷筒的斜上方，并用鸭嘴夹固定。

Step 14

从顶区高马尾剩下的头发中依次分出发片，采用同样的手法做成卷筒并固定。注意卷筒之间的衔接，造型一定要饱满。

Step 15

将后区的头发扎成马尾，将头发梳顺，并用发蜡棒收干净碎发，接着向上翻做成卷筒，与上面造型的卷筒衔接。

Step 16

将侧边的发尾梳顺，继续向上翻做卷筒，与之前做好的卷筒衔接。注意侧面造型的饱满度。

Step 17

多出的发尾继续做成卷筒，与后区衔接。

Step 18

调整卷筒的发丝，边调整边喷干胶定型。

Step 19

定型后拆除鸭嘴夹。选择与服装颜色相呼应的饰品和鲜花，让造型充满青春气息。

Step 20

在梳子上抹上啫喱，将鬓角的发丝先往前梳，用食指按住再往后推，梳出S形纹理。

Step 21

鲜花饰品用U形卡固定，注意佩戴的位置。

中国风红妆造型

造型重点

随性点缀的红色发饰与服装自然衔接；偏细长的眉形与简约盘发造型相结合，使复古中略带时尚感；柔和的暗红唇色与中国风红色服装灵动结合。

造型手法

①手摆波纹；②两股拧绳；③卷筒；④抽丝；⑤倒梳。

Step 01

将头发分成刘海区和后区。将刘海三七斜分开，注意分线要清晰、干净。

Step 02

将后区的头发分层倒梳，使造型更加饱满。

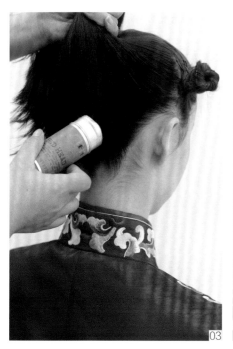

Step 03

用发蜡棒将碎发收干净，然后扎高马尾，用橡皮筋固定在头顶，一定要扎紧。

Step 04

将刘海区右侧的头发用19号电卷棒外翻烫卷。

Step 05

在刘海区左侧发际线位置分出一条发片，用19号电卷棒内扣烫卷。接着将剩下的头发外翻烫卷。烫发时一定要烫到发根，这样头发才能立起来，使造型有蓬松感。

Step 06

从刘海区右侧的头发中分出几缕，向后拧转固定。注意发片不要拧得太紧，要斜向取发片，突出造型的纹理感。

Step 07

采用同样的方法依次分出发片，处理后用U形卡固定。注意在刘海区前面留出一些头发。

Step 08

将留出的头发用手撕开。用手与尖尾梳配合打造出波纹造型，并用小号鸭嘴夹固定。

Step 09

继续摆出波纹并用小号鸭嘴夹固定。

Step 10

将鬓角处的发丝用螺旋梳涂上啫喱，贴着脸梳出想要的形状。

Step 11 ────────

将刘海区左侧前面的头发向上抓，用手轻扶发片，扯到想要的高度，用小号鸭嘴夹固定。

Step 12 ────────

刘海区左侧前面留出的头发采用与刘海区右侧相同的手法处理，左侧鬓角处的发丝也采用相同的方法处理。

Step 13 ────────

将刘海区左右两侧的发尾分别用两股拧绳的手法往后拧，注意不要拧得太紧。

Step 14 ────────

将拧好的两股辫用一字卡固定到马尾上。

Step 15 ────────

从马尾中取出一条发片，用发蜡棒将碎发收干净，然后向前扣，做成卷筒。注意调整卷筒的高度，用一字卡固定。

Step 16 ────────

将剩余的发尾继续做成卷筒，放在第一个卷筒的上方，并用鸭嘴夹固定。注意卷筒要错开，不要重叠，碎发要收干净。

Step 17

将发尾继续做成卷筒，放在第一个卷筒的下方。

Step 18

继续从马尾中取发片，用发蜡棒收干净碎发。

Step 19

将发片向前扣，做成卷筒，与第一个卷筒错开，用鸭嘴夹固定。固定时要将卷筒的发片与底部的头发夹在一起。

Step 20

将发尾继续做成卷筒，固定在合适的位置。注意卷筒之间的衔接，造型要饱满。

Step 21

适当地抽出一些发丝，一边抽一边喷干胶定型。

Step 22

定型后拆下鸭嘴夹。选择与服装相同色系的发饰，用U形卡固定。

Step 23

发饰要错开佩戴，避免对称。

新中式中国风妆容

妆面重点

中国风妆容的特点是雪肌红唇、明眸皓齿、蛾眉远黛，给人沉鱼落雁、闭月羞花之感。红唇最能体现东方美，因为东方人的脸形不够立体，需要一抹红唇点亮妆容。打造古典红唇要将唇膏涂满唇部，使之呈现性感丰满的唇妆效果。

Step 01

将化妆棉打湿，清洁脸部皮肤。

Step 02

用定妆喷雾做第一层护肤保湿和控油。

Step 03

因为模特的皮肤偏干，所以用精油做妆前皮肤护理。

Step 04

精油护肤完成后，用乳液（无油型）继续护肤。妆前护肤是处理好底妆的关键。

Step 05

用妆前乳做基础提亮。

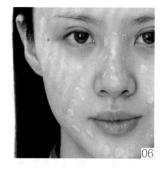

Step 06

选择RMK粉底霜。T区用201号亮色，轮廓边缘和需要修暗影的部位用102号暗色。先将粉底霜分别点在脸部的适当位置，然后用刷子刷匀。

Step 07

用彩妆蛋弹跳按压脸部，使妆面粉底伏贴。

Step 08

选择NARS圆管遮瑕液进行眼部遮瑕。

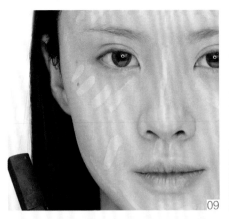

Step 09
用NARS遮瑕液亮色号提亮T区，先点匀再用刷子刷开，然后用彩妆蛋按压伏贴。

Step 10
用NARS双修饼再次提亮T区，然后修饰暗影。

Step 11
选择NARS双色腮红，在外眼角周围呈蝴蝶形涂抹。

Step 12
腮红完成后的效果展示。

Step 13
用NARS红色唇膏画眼影。从睫毛根部往上双眼皮线内晕染，由深至浅过渡。

Step 14
用蕾哈娜金色高光眼影从内眼角往外扩散晕染，颜色由深至浅。注意眼影边缘不要有太明显的边缘线。

Step 15
选择防水的内眼线胶笔，画出睫毛根部的内眼线。

Step 16
选择红色眼线液笔，画出外眼角的眼线。注意眼线要画流畅。

Step 17
用植村秀睫毛夹分段夹翘上睫毛，从侧面看睫毛呈C形。

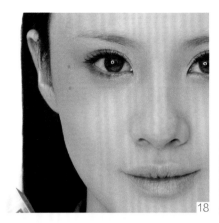

Step 18

粘贴ONLY 01号自然款假睫毛。

Step 19

用植村秀眉笔画眉。先画一遍眉，再稍微加深眉尾、眉峰和眉头处。注意颜色过渡。

Step 20

用LUCAS' PAPAW OINTMENT木瓜膏滋润唇部。

Step 21

用NARS唇膏画唇，注意不要涂出边缘。

Step 22

用NARS腮红在唇部定妆。

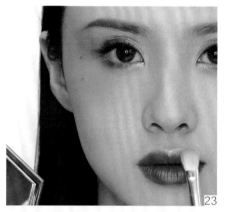

Step 23

用高光粉提亮唇珠和唇峰。

Step 24

在T区涂高光粉，轻拍，提亮T区。

Step 25

将NARS唇膏作为眼线膏画外眼线。线条要流畅，眼尾轻微上扬。

Step 26

用smashbox定妆喷雾轻轻喷在脸上，柔和妆感。

田薇

化妆师联盟区域合伙人；
田薇造型创始人。
从事化妆造型工作十余年，曾为多
家样片团队培训彩妆造型，多次被
邀请到全国各大影楼担任化妆讲
师、化妆总监，并帮助店内培训。
微博：@造型师田薇

寄语："永远不要开始你不愿意坚持
到底的事，始于热爱，源于坚持。"

鲜花抽丝造型

造型重点

①后发区分发片编发时不要露出头皮，可松松地编。

②不宜过度抽丝。

造型手法

①三加二编发；②两股拧绳；③抽丝。

01

02

Step 01

用22号电卷棒将发尾内扣烫卷，然后用手把烫卷的头发全部梳开，并在前区发际线边缘留出一些发丝。接着分出刘海区和顶区的头发。

Step 02

在顶区采用三加二编发的手法将头发编至枕骨区，用橡皮筋固定。

03

04

05

Step 03

将右侧的头发采用两股添加拧绳的手法编至枕骨区并固定，与顶区的发辫结合。

Step 04

左侧的头发采用同样的手法处理。

Step 05

编发完成后的效果展示。

06

Step 06

将发尾分成两部分，将其中一部分采用两股拧绳手法进行处理，绕剩余发尾一周后与发辫固定在一起。

Step 07

剩下的一部分发尾采用同样的手法处理，之后与另一部分发尾盘成发髻。注意相互之间的衔接。

Step 08

一边抽丝一边喷干胶定型，注意细节。

Step 09

将前区留出的头发用22号电卷棒内扣烫卷。然后选择鲜花饰品佩戴，与灵动的发丝相结合。

07

08

09

中式新娘造型

造型重点

干净光洁的盘发是中式造型的特点，融入的三叶草和蝴蝶结造型使造型整体更加灵动，使人更显年轻。再用红色中式饰品点缀，新娘端庄、典雅的气质尽显。在做手打卷的时候，发片要干净，卷与卷的衔接要自然。整体造型要尽量左右对称。

造型手法

①手打卷；②编三股辫；③编蝴蝶结造型；④编三叶草造型。

Step 01

分出圆形的顶区，将头发扎成马尾。

Step 02

将马尾分成3条均匀的发片，并将碎发收干净。

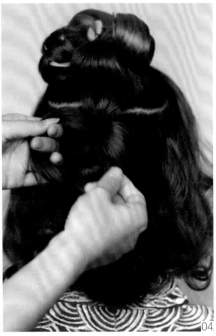

Step 03

以手打卷的手法将发片做成卷筒固定。注意发卷摆放的位置，以及相互之间的衔接。

Step 04

将中间枕骨区的头发扎成马尾，然后分出发片做成卷筒，衔接顶区的卷筒，再喷干胶定型。

Step 05

后区剩下的头发采用同样的方法处理。将左右两侧耳后的头发编成三股辫固定在枕骨区，与后区的造型衔接。注意发辫的大小。

Step 06

将前区的头发中分。在刘海区左侧分出一缕头发，用橡皮筋配合做成三叶草造型，并用小号鸭嘴夹固定。再分出一缕头发，做成蝴蝶结造型，并用小号鸭嘴夹固定。注意分出的头发要用发蜡棒处理干净。

Step 07

刘海区右侧的头发采用同样的方法处理，注意左右两侧的造型要对称。给剩下的头发涂抹啫喱，并用梳子向后梳，发尾以手打卷的手法卷好后用一字卡固定。接着用滚梳蘸上啫喱，与手指配合处理额前和两鬓的发丝。

Step 08

额前和两鬓发丝的处理要注意发丝的干净度，左右两侧要对称。

Step 09

调整造型细节，喷干胶定型。

Step 10

对称佩戴中式风格的饰品。

Una

化妆师联盟区域合伙人;
又又造型化妆培训机构（UNA STUDIO）创办人。

广州又又造型文化传播有限公司创始人，又又造型视觉摄影工作室创办人，中国国际美妆节特约嘉宾，全国摄影化妆造型十佳大赛特邀嘉宾。

微博：@UNASTUDIO又又造型_化妆师Una

寄语："愿热爱化妆的我们都能不负梦想，一辈子做自己喜欢并擅长的事！"

轻复古低发髻造型

造型重点

①这是一款偏复古风的造型，整体造型一定要干净。搭配珍珠发夹，复古韵味十足。

②这款造型前区主要运用的是复古手摆波纹手法，后区主要运用的是卷筒打造低发髻。

造型手法

①做发包；②卷筒；③手摆波纹；④倒梳。

01

02

03

Step 01

用26号电卷棒将头发烫卷，然后抹上提亮油，让头发更具光泽感。

Step 02

用尖尾梳将顶区的头发倒梳，使头发更加蓬松、饱满。

Step 03

将处理完成后的头发做成公主包，并固定在枕骨区。

04

Step 04

用卷筒手法将发尾向上收。

Step 05

继续用卷筒的手法将发尾收起，注意卷筒基本都是两个手指的宽度的。

Step 06

在做每一个卷筒的时候，都要在头发表面抹上发蜡。

Step 07

继续用卷筒的手法将后区的头发向中间收拢。

05

06

07

08 09 10

Step 08 ———

把头发全部收拢到后区。

Step 09 ———

后区的头发处理完成，形成干净的低发髻。

Step 10 ———

将刘海区的头发三七分开，然后用小号鸭嘴夹在刘海区右侧固定第一个纹路。

11

Step 11 ———

把复古纹路摆好，并在波纹位置用小号鸭嘴夹固定。

Step 12 ———

将刘海区右侧头发的发尾向后卷，做成卷筒并固定，注意与后区的头发自然衔接。

Step 13 ———

将刘海区左侧的头发梳理干净，向后与后区的头发自然衔接。

Step 14 ———

戴上珍珠发夹，整体造型完成。

12 13 14

鲜花新娘两股扭抽丝造型

造型重点

①两股拧绳是这款造型用到的主要手法。拧绳的时候可以松一点，这样便于抽丝，造型也会更加饱满。

②拧绳的时候分出的头发及发辫最后固定的位置都直接关系到整体造型的饱满度。

造型手法

①两股拧绳；②抽丝；③两股添加拧绳。

Step 01

为了更好地完成造型，需要增加发量。用19号电卷棒将头发内外烫卷。

Step 02

分出刘海区并暂时固定。

Step 03

从后区竖向中间位置分出一缕头发，用两股拧绳的手法处理。注意发型重心的确定和轮廓感的塑造。

Step 04

将后区右侧的头发分成上下两部分。将上部分的头发进行两股添加拧绳处理，接着将发辫固定在后区，与中间的发辫衔接。

Step 05

从后区左侧的头发中分出一部分，进行两股添加拧绳处理，并固定在后区。

Step 06

将后区右侧下部分的头发和后区左侧剩下的头发分别进行两股添加拧绳处理，然后固定在后区，塑造形状。

07

08

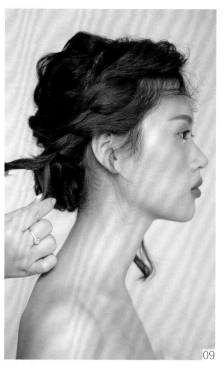

09

Step 07

将后区剩下的头发进行两股拧绳处理。

Step 08

将拧好的头发盘起，固定在后区。注意体现出轮廓，使造型饱满。在盘起的头发上抽丝，让头发更蓬松。

Step 09

将刘海区右侧的头发采用两股拧绳的手法处理，并向后与后区的头发衔接并固定，塑造侧面轮廓。

10

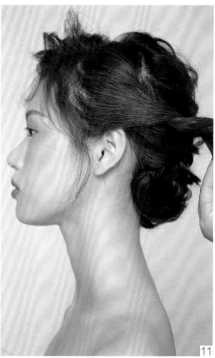

11

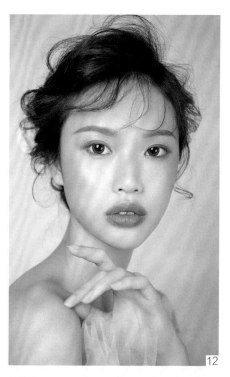

12

Step 10

在刘海区右侧的发辫上抽出发丝，增加流畅感，并喷干胶定型。干胶不宜喷多，保持发丝的灵动感。

Step 11

刘海区左侧的头发采用同样的手法处理。

Step 12

佩戴鲜花头饰，点缀发型。注意前方及侧面发型的协调感。

夏日清新鲜花新娘妆容

妆面重点

①通透、干净的底妆是鲜花新娘妆容的重点。

②此款妆面用草绿色眼影搭配橘色系腮红，营造出了夏日清新且充满活力的感觉。

Step 01

选择比模特自身肤色浅一度的粉底，全脸打底，然后进行立体轮廓的塑造。

Step 02

选择浅色的遮瑕膏遮盖黑眼圈、嘴角及鼻翼周围的红血丝，使妆面效果更加精致。

Step 03

选择高清珠光感定妆粉，少量多次地进行全脸定妆。

Step 04

因为是鲜花新娘妆容，所以选用浅棕色系的眉笔勾画眉形，注意颜色深浅过渡要自然，同时体现出线条感。

05

06

07

Step 05

选用一款微珠光高光眼影，平涂整个眼窝，起到打底和提亮的作用。

Step 06

选择草绿色眼影晕染上眼睑，注意明暗关系的表现和边缘线的虚化。眼影涂抹范围要适中。

Step 07

选用同色系眼影晕染下眼睑，主要加重眼尾部分的颜色，以达到调整眼形的目的。

08

Step 08

用睫毛夹从睫毛根部开始分段夹翘睫毛。

Step 09

选用定型效果好的睫毛膏刷翘睫毛。

Step 10

选用橘色系腮红进行晕染，颜色过渡要自然，完成后的腮红形状偏圆形。

Step 11

涂上与腮红同色系的唇膏，虚化边缘线，颜色过渡要自然，打造具有咬唇效果的自然唇形。

09

10

11

王芬

王芬造型创始人。

化妆师，形象设计师，彩妆讲师，影楼样片培训导师。中国国际美妆节特邀专家评委，中国国际美妆节十佳导师。担任2012年、2015年和2016年"世界小姐"中国区大赛总决赛妆容设计导师。

微博：@王芬新娘造型

寄语："身为化妆师，我们会塑造美丽，却不会装着努力。只有真正付出了努力，才能真正做到优秀！"

简约韩式新娘造型1

造型重点

①烫卷时要保证每条发片都是干净、顺滑的。用橡皮筋顺着烫卷的纹理将后区的头发扎起，让后区的头发自然卷出造型。

②在固定左右两侧的头发时，要分段固定并调整好纹理，使造型轮廓更加优美。

造型手法

烫卷。

Step 01
从右到左竖向分后区的发片，然后用22号电卷棒将发尾全部烫卷。

Step 02
将刘海区右侧的头发向后烫卷。

Step 03
将刘海区左侧的头发向后烫卷。

Step 04
将后区已烫卷的头发用橡皮筋扎成低马尾。

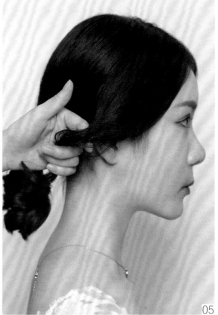

Step 05
将刘海区右侧的头发顺着烫卷的纹理向后梳顺。

Step 06
将刘海区右侧的头发分两段，分别用一字卡固定。注意表现出纹理感。

Step 07 ────

给刘海区右侧的头发喷少量干胶定型。

Step 08 ────

将刘海区左侧的头发梳顺，额前一定要干净、整洁。

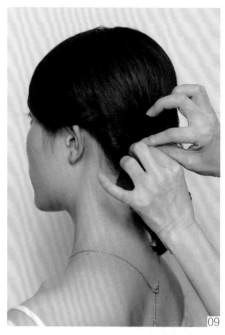

Step 09 ────

顺着烫卷的纹理将发尾向后梳，并分两段用一字卡固定。

Step 10 ────

整理好发尾，注意头发之间的衔接。

Step 11 ────

用刘海区左侧的发尾遮住扎低马尾的橡皮筋，使造型更加完美。

Step 12 ────

用精致的饰品进行点缀。

简约韩式新娘造型2

造型重点

①两股拧绳时应注意发辫的走向，发辫之间要自然衔接，使造型更加饱满，让整个发型看起来圆润温柔。

②抽丝时，如果新娘的发量比较少，可以将发丝多抽出一些；如果发量适中，只需将每股头发抽均匀即可。

③这款造型适合中长头发或者长发的新娘。

造型手法

①两股拧绳；②抽丝；③两股添加拧绳。

01

02

Step 01

用25号电卷棒将头发全部烫卷，然后用大排梳全部梳通。将右侧的头发斜向分一半。

Step 02

用尖尾梳配合，确定两股拧绳的起点位置。

03

04

Step 03

对分出的头发进行两股拧绳处理，并用一字卡固定在枕骨处。

Step 04

在左侧斜向分发片，采用同样的手法处理。

05

06

07

Step 05
将左侧的发辫与右侧的发辫交叉，然后用一字卡固定。

Step 06
从后区正中间分出一条发片。

Step 07
采用两股拧绳的手法将发片向右侧拧。

Step 08
将发辫固定在右侧耳朵上方。

08

Step 09
在后区正中间再分出一条发片，然后采用两股拧绳的手法向左侧拧。

Step 10
将拧好的发辫固定在左侧耳朵上方。

Step 11
取出左侧剩余的头发。

09

10

11

12

13

14

Step 12
采用两股添加拧绳的手法将左侧的头发全部添加到发辫中，用一字卡固定。

Step 13
取出右侧剩余的头发。

Step 14
采用同样的手法处理，注意头发之间的衔接。

15

Step 15
在顶区发型不够饱满的地方抽出发丝，并喷干胶定型，使造型饱满。

Step 16
从左侧的两股辫中抽出发丝，营造纹理感。

Step 17
从其他区域抽出发丝，使造型更有层次。

Step 18
搭配流行的白色布艺饰品，使造型更清新。

16

17

18

01

Step 01 ———

用20号电卷棒将头发烫卷，然后用大排梳
全部梳通。

简约韩式新娘造型3

造型重点 ——

①头发内翻时，两边分出的发量要尽可能一致。翻完以后，两边的抽丝
也要尽量一致。整体造型要饱满，抽丝不可太大，尽量自然。此款造型适
用于各种场所。

②这款造型也可灵活变化。如果新娘的头发较长，后区的头发可以
披着，再配上饰品点缀即可。如果选用这种方式，无须烫20号卷，可烫
25~28号微卷。

02

Step 02 ———

将顶区的头发倒梳，然后用橡皮筋固定。

造型手法 ——

①内翻卷；②抽丝。

Step 03 ————————

为顶区的头发抽丝，使造型更加饱满。

Step 04 ————————

将右侧耳后的头发用橡皮筋扎起。

Step 05 ————————

用双指将橡皮筋内侧靠近发根的头发平均分开，然后将橡皮筋外侧的辫子放进去进行内翻。

Step 06 ————————

从内翻凹进去的头发中抽出发丝，并喷干胶定型。

Step 07 ————————

在第一个内翻卷的两侧进行第二次取发。

Step 08 ————————

将头发用橡皮筋扎起，做成内翻卷并抽丝。

Step 09

采用同样的方法将左侧耳后和枕骨区的头发全部处理好。

Step 10

将刘海区左侧的头发往后烫卷，并一缕缕喷干胶进行定型。

Step 11

将定型后的头发用一字卡固定在后区。刘海区右侧的头发采用同样的手法处理。

Step 12

将后区剩余的头发用橡皮筋扎成马尾，从马尾中取一缕头发，把橡皮筋包住。

Step 13

在马尾周围抽出发丝，使造型饱满。

Step 14

在刘海区与后区交界处戴上精致的发箍饰品，让整个发型更加饱满。

汪培娟

嘉榭造型创始人；
化妆师联盟区域合伙人；
中国青年时尚造型师；
亚太杰出造型师；
中国国际时装周特约化妆师。
曾担任演艺人员的化妆师。
微博：@时尚造型师Lynn

寄语："出类拔萃的人，从来都是逆流而上，披荆斩棘，做别人做不到的，坚持别人容易放弃的！"

灵动抽丝新娘造型

造型重点

这款造型以抽丝为主要手法。抽丝时一定要注意整体造型的整洁度，否则容易显脏和乱。

造型手法

①两股拧绳；②外翻卷；③抽丝；④两股添加拧绳。

清纯鲜花纹理造型

造型重点

①这款造型的重点在于纹理的表现，整体要有层次感，不能太乱。

②鲜花配饰是表现清纯气质的重点，也是整个造型的加分项。

造型手法

①两股拧绳；②抽丝。

01

02

03

Step 01

用25号电卷棒将头发斜向45°烫卷。

Step 02

分出刘海区。将刘海区右侧的头发分成上下两部分，将上部分的头发以两股拧绳的手法编至耳后。

Step 03

在两股辫上进行抽丝，注意不要太毛糙。

04

Step 04

将两股辫用U形卡固定在耳后。

Step 05

在头顶拧出一个发包，然后将发包固定在枕骨处。

Step 06

在发包上进行抽丝，注意饱满度。

Step 07

将刘海区右侧下部分的头发用两股拧绳的手法处理，固定在后区。

05

06

07

08

10

Step 08
将刘海区左侧的头发分为上下两部分，将上部分的头发采用两股拧绳的手法处理。

Step 09
从两股辫上抽出发丝，将两股辫固定在后区。注意头发之间的衔接。

Step 10
将刘海区左侧下部分的头发以同样的手法处理，然后固定在后区。

11

Step 11
调整后区头发的纹理和层次，然后喷干胶定型。

Step 12
将刘海区中间的头发梳顺，并用小号鸭嘴夹在额头位置固定，修饰脸形。

Step 13
将发尾用两股拧绳的手法编发，并固定在后区。

Step 14
戴上鲜花饰品，点缀发型。

12

13

14

温婉大气中式造型

造型重点

该案例通过传统的造型手法，表现中式新娘造型的庄重感。因此，在发型的处理上应该注重整洁度。

造型手法

①卷筒；②编三股辫；③做单包。

Step 01

用25号电卷棒平烫头发，然后将头发分成刘海区和后区。将后区的头发扎成高马尾，分出一缕头发遮住橡皮筋，再用发蜡棒将碎发收干净。

Step 02

从高马尾中分出一条发片并梳顺，将发片向前固定。

Step 03

将发尾向后卷成一个卷筒，并用鸭嘴夹固定。

Step 04

从高马尾中再分出一条发片，以内卷打包的方式做成卷筒。

Step 05 ————
将卷筒与第一个卷筒固定在一起。

Step 06 ————
将高马尾中剩余的头发分成左右两部分。

Step 07 ————
将右侧的发片往左拧，做一个半卷筒并固定。

Step 08 ————
将左侧的发片以同样的手法处理并固定在
右侧。

Step 09 ————
将固定在右侧的发片的发尾打卷筒并固定。

Step 10 ————
用同样的手法将左侧的发尾处理好。

Step 11

将刘海区的头发三七分，将右侧的头发编成三股辫。

Step 12

将编好的三股辫先在右侧耳朵上方固定，再绕过头顶固定发尾。

Step 13

将左侧的头发同样编成三股辫。

Step 14

将编好的三股辫先固定在左耳朵上方，再绕过头顶固定发尾。

Step 15

调整造型细节，并喷干胶定型。

Step 16

拆除固定用的鸭嘴夹，戴上饰品，造型完成。

晓莉

晓莉造型文化传播有限公司创始人。

从事化妆造型工作12年，先后赴英国、韩国、日本等地学习，并与国内二十多个知名机构进行交流。团队曾合作过多名演艺人员，作品曾多次刊登在专业杂志上。

微博：@晓莉工作室

寄语："努力改变人生，知识改变命运。"

灵动复古盘发造型

造型重点

①C形刘海能修饰脸形与发际线。注意选用轻复古的发饰，不要搭配太过仙气甜美的发饰。

②这款造型主要通过两股拧绳的手法打造出好看的花苞盘发造型。虽然这是带有灵动感的造型，但也要注意不能太毛糙，要将碎发收干净。两股拧绳的时候不宜将头发扯得太紧，适当松散的发型会更具空气感。

造型手法

①两股拧绳；②做发包；③抽丝；④倒梳。

Step 01

将顶区的头发倒梳。将表面的头发梳顺，做成一个发包并固定在枕骨区。注意发包的蓬松感，并修饰头形。

Step 02

将右侧的头发用两股拧绳的手法编至脑后，与顶区的发包衔接，并用一字卡固定。

03

04

05

Step 03

采用同样的手法处理左侧的头发。

Step 04

将编好的发辫与顶区的发包和右侧的发辫衔接，并用一字卡固定。抽松发丝，打造蓬松感。

Step 05

将后区剩下的头发用两股拧绳的手法处理，注意不要拧得太紧。

06

Step 06

将处理好的头发向上盘成花苞状发髻并固定。

Step 07

整理发髻的整体形状，使造型饱满。

Step 08

后区造型完成效果展示。

Step 09

用弧形夹处理刘海，使其呈自然的C形，用于修饰脸形，柔化线条。佩戴手工蕾丝头饰，完成整体造型。

07

08

09

明星感自然精致妆容

妆面重点

①这款妆容的重点在于皮肤质感的打造和五官的调整。模特本身的皮肤较好，在打底之前做好基础护肤，并涂抹具有光泽感的妆前乳，打造健康的皮肤质感。

②模特的脸形偏鹅蛋脸，下颌骨有棱角，苹果肌饱满，给人以少女感十足的印象，适合打造偏柔美风格的新娘造型。

Step 01

选择与皮肤颜色相近的粉底，用手指将其轻点在脸上。

Step 02

用粉底刷均匀地涂抹粉底，收到均匀肤色、紧致脸部的效果。

Step 03

用遮瑕刷蘸取遮瑕产品，快速轻柔地遮盖黑眼圈。

Step 04

用米黄色提亮产品提亮眼下三角区，增加脸部的立体感。

Step 05

用米黄色提亮产品提亮唇角，让唇角看起来有上扬的感觉。

Step 06

用棕色眼影晕染整个眼窝，然后用金棕色珠光眼影提亮上眼睑。

Step 07

用棕色眼影晕染下眼睑，眼头用珠光粉色眼影提亮。

Step 08

从两颊向嘴角斜扫蜜桃色腮红，突显新娘的好气色和温柔感。这是明星妆容常用的腮红描画手法。

Step 09

用豆沙色口红勾画出自然饱满的唇形。

Step 10

用灰棕色眉笔勾勒出温柔立体的眉形。

Step 11

贴上自然款假睫毛，然后使用纤长款睫毛膏刷出根根分明的效果，自然放大双眼。

熊芬

FANNY STUDIO 创始人。
2016年5月开办个人摄影作品展；
合作媒体有《时尚芭莎》《人像摄影》《瑞丽》《影楼视觉》《美容美发·化妆师》等杂志；与众多演艺人员及模特有过合作。参与过全国各地影楼指导及样片拍摄。2011年出版专业化妆书《时尚圣经：专业化妆造型实例教程》。
微博：@FANNYSTUDIO熊芬造型

寄语："想成为一名优秀的化妆造型师，除了掌握精湛的技术，还需要在艺术、品味、修养、阅历和人际沟通等诸多方面有所积淀。"

复古手推波纹妆容造型

妆面重点

干净精致的底妆、完美的轮廓线条、深邃复古色系的眼妆和饱满的唇形是这款妆容的重点。

造型重点

手推波纹是这款造型的重点和难点所在。每一个波纹的纹理都要干净、有层次，手推波纹造型要起到修饰脸形的作用。贵气复古的头饰搭配网纱，与妆容造型相呼应，效果很好。

造型手法

①手推波纹；②卷筒；③做发包；④倒梳。

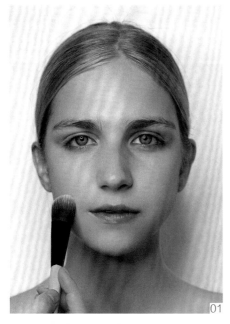

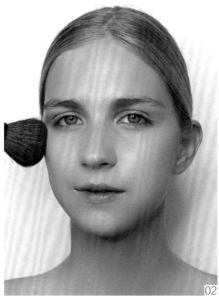

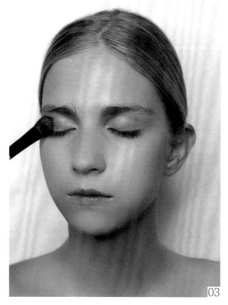

Step 01

选择与模特肤色相近或者深一号的粉底液，用刷子刷均匀，打造干净、通透的底妆效果。

Step 02

用大号散粉刷蘸取少许定妆散粉，轻薄地扫于面颊。为了表现出皮肤的质感，切记定妆粉一定要轻薄。

Step 03

用大号眼影刷蘸取微珠光的浅色眼影，平涂整个眼窝。

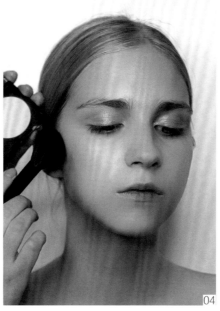

Step 04

用侧影刷蘸取深色修容粉，分多次轻扫出面部轮廓线条。

Step 05

用眉刷蘸取与模特本身的眉色相近的眉粉，采用填补的方法扫出干净、自然的眉形。

Step 06

用锥形刷给眼部晕染第一层眼影色。用锥形刷晕染眼影会呈现出自然的效果。

Step 07

用小号眼影刷蘸取比第一层眼影颜色更深的眼影晕染睫毛根部。这样可以代替画眼线，妆容效果会更加自然。

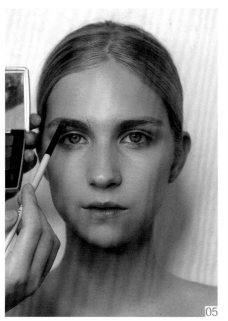

Step 08

用睫毛夹分两段将睫毛夹翘，使之呈现自然卷曲的效果。

Step 09

选用防水定型的睫毛膏给夹翘的睫毛定型。注意睫毛膏不能刷得过于厚重。

Step 10

选用砖红色系的腮红，轻扫于面颊，使颜色自然过渡，让腮红和侧影相叠加。

Step 11

用口红刷蘸取深红色系的口红，先描绘唇形，再填满双唇。

Step 12

留出刘海区做手推波纹的发量，然后将后区的头发收紧并扎成低马尾。

Step 13

准备好鸭嘴夹。先将刘海区右侧的头发推出第一个波纹，用鸭嘴夹固定，然后用手与尖尾梳配合继续推出波纹。

Step 14

用尖尾梳梳顺头发，用手和尖尾梳配合继续推出波纹。

15

16

17

Step 15

继续推出波纹。每一个波纹的位置都很重要，以起到修饰脸形的作用。

Step 16

推出最后一个波纹。注意纹理一定要伏贴。

Step 17

用尖尾梳的尾部蘸取啫喱，将推出的波纹收干净。

18

Step 18

用小号鸭嘴夹固定最后一个波纹，给做好的整个右侧造型喷上干胶定型。

Step 19

用鸭嘴夹将刘海区左侧头发的发根固定，然后用手与尖尾梳配合推出波纹。

Step 20

将推好的波纹梳理干净后，用鸭嘴夹固定。

Step 21

推出的最后一个波纹应该固定在鬓角处，可以修饰脸形。

19

20

21

22

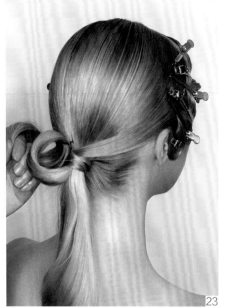

23

24

Step 22

从低马尾中分出一缕头发，将固定马尾的橡皮筋缠绕起来遮住。

Step 23

低马尾中的直发可以用大号电卷棒稍微烫卷，再顺着卷度做一些造型并固定在后面。

Step 24

以打卷的方式进行不规整固定，这样比单一的发髻更能彰显层次。

Step 25

低马尾中的最后一缕头发需要倒梳，制造蓬松的发包效果。然后将发尾固定在发型不饱满的位置，使后区的发型更加饱满。

25

Step 26

将鸭嘴夹轻轻取掉。注意用力一定要轻，避免带动发丝，出现毛糙的问题。

Step 27

在取出鸭嘴夹时，一定要用手按住还没有完全定型的波纹。

Step 28

在手推波纹分区的位置佩戴金色系钻石头饰，戴上黑色网纱。头饰可增添造型的层次，弥补造型的不足，起到画龙点睛的作用。

26

27

28

时尚大牌杂志风妆容造型 ▶

妆面重点

打造深肤色的健康质感是这款妆容需要掌握的第一个重点，其次是眼部的烟熏妆容效果的表现。

造型重点

包发简单干净，能够彰显干练的气质。造型的时候要注意前后头发的结合，纹理感的塑造也很重要。

造型手法

①拧绳；②包发。

01

02

Step 01

选用比模特肤色深一号的粉底液，用刷子打底，表现出轻薄、通透的质感。

Step 02

用散粉刷蘸取少许微珠光定妆散粉进行定妆，注意蘸取的散粉量一定要少。

03

04

Step 03

用大号眼影刷蘸取浅色珠光眼影进行眼部定妆和眼窝的提亮。

Step 04

用棕色眉粉描画出既干练又自然的眉形。

Step 05 ——————

用锥形眼影刷蘸取少量咖色眼影，从眼尾至眼角由深到浅地晕染。

Step 06 ——————

用小号扁形眼影刷将眼影靠近睫毛根部晕染均匀。

Step 07 ——————

用锥形眼影刷进行多次晕染，使眼影更加伏贴，有质感。

Step 08 ——————

用小号眼影刷蘸取黑色眼影，轻扫下眼睑，从眼尾至眼头颜色由深到浅。

Step 09 ——————

用防水的黑色眼线笔沿着上睫毛根部描画上眼线。

Step 10 ——————

用防水的黑色眼线笔沿着下睫毛根部描画下眼线。

Step 11

用中号眼影刷蘸取少许金色眼影，在眼窝处涂抹，与咖色眼影结合。

Step 12

用睫毛夹将睫毛夹翘，然后用睫毛膏定型。

Step 13

用砖红色的腮红结合咖色修容棒修饰脸部的轮廓。

Step 14

腮红需要根据妆容的肤色深浅进行多次补色，以达到最佳状态。

Step 15

选用一支深红色的口红，先用刷子勾勒出唇形，再将颜色填满，注意多涂抹几遍。

Step 16

将头发分为刘海区和后区。

Step 17

将后区头发的表面梳理干净。

Step 18

将梳理好的后区头发向上提拉拧紧。

Step 19

将拧紧的头发全部固定在后区中间的位置，然后将头发表层梳理干净。

Step 20

调整后区头发表面的发丝，一边调整一边喷干胶定型。

Step 21

将刘海区的头发提高并倒梳，制造高耸蓬松的效果。然后在刘海表层涂抹啫喱，便于造型。

Step 22

梳理好刘海表层，再向耳后收尾固定。注意刘海区头发的发尾与后区头发的衔接。

Step 23

固定所有的头发，喷干胶定型。

姚丹丹

AIMI时尚新娘化妆造型团队创始人。《广州日报·顺德金版》专访化妆师，腾讯新闻客户端新闻专访化妆师。2016年担任中国国际美妆节美妆大赛特邀评委。

微博：@AnGeLa丹BB

寄语："我觉得最幸福的职业就是新娘化妆师了。新娘化妆师可以见证一对又一对新人，看到他们幸福的笑脸，用自己的双手装扮出新娘最美的时刻。"

甜美森系鲜花造型

造型重点

①抽丝手法是表现森系感觉的重点，抽丝的效果应该是灵动的，而不凌乱的。

②恰当的头饰有助于表现甜美的效果，头饰的颜色需要契合模特的肤色。

造型手法

①手打卷；②两股添加拧绳；③抽丝；④倒梳；⑤两股拧绳。

Step 01

用25号电卷棒将头发向内卷。

Step 02

每一条卷发片的厚度都应尽量保持一致。

Step 03

用尖尾梳将头顶的头发倒梳，让头顶有蓬松感，增加头发的厚度。

Step 04

采用两股添加拧绳的手法将刘海区左右两侧的头发分别编至耳后固定。注意每次加的发量要差不多一样多。

Step 05

选择一条假发片，将其固定在顶区，注意真假发的结合要自然。然后采用手打卷的手法将头发固定在枕骨区，使造型更加饱满。

Step 06

将后区剩下的头发分成4个部分，用橡皮筋把头发分别扎起来。

Step 07

将每一部分的头发分别用两股拧绳的手法处理，然后在拧好的发辫上抽出发丝，打造纹理感。

Step 08

将处理好的发辫向上卷，固定在后区。

Step 09

将4部分头发都处理完。固定时要注意整个发型的饱满度和形状。

Step 10

抽出发丝，调整造型，喷干胶定型。

Step 11

佩戴鲜花饰品，造型完成。

甜美森系鲜花妆容

妆面重点

①为了使妆面效果更加自然，妆前保养和护肤很重要。 ②注意妆容立体感的塑造，底妆修饰和颜色过渡要自然。

③眼妆用色要大胆，可以用高光眼影进行大色块提亮处理。 ④眉形要流畅，唇部要饱满有形。

Step 01

根据模特的眉形用刀片将杂乱的眉毛清理干净。

Step 02

用爽肤水、水磨精华和日霜进行妆前润肤。

Step 03

用中指的指腹在T区和双颊轻轻点涂粉底液。

Step 04

用粉底刷将粉底液在脸部均匀涂开，然后用彩妆蛋轻轻按压，直到粉底均匀伏贴。

Step 05

定妆前画出鼻影，这样更容易上色，妆容立体感也更强。颜色一定要均匀，不然会显得很脏。

Step 06

用散粉定妆，注意重点是眼部区域。

Step 07

在T区和脸颊处均匀涂抹高光粉，进行提亮。

Step 08

用高光眼影涂匀眼窝。

Step 09

用深色眼影涂抹上眼睑，注意颜色的渐变和过渡。眼尾处用倒勾的手法进行涂抹。

Step 10

用睫毛夹从睫毛根部开始分段将睫毛夹翘。

Step 11

将假睫毛剪成小段，一段一段地贴上去，使真假睫毛自然结合。

Step 12

用粉饼进行定妆。在定妆之前先浸湿粉饼，这样妆容会更伏贴。

Step 13

用化妆刷蘸取少量定妆粉，轻扫T区，做最后的定妆。

Step 14

选用橘色系腮红，表现出更加温柔的感觉。

Step 15

画眉，注意体现眉峰和眉毛的线条感。

Step 16

直接用唇膏给唇部上色容易加深唇纹。这里用唇刷蘸取一点唇膏，在唇部轻轻刷开，使嘴唇轮廓清晰，饱满度高。

天天

LOLO VISION创始人。

2014—2018年担任重庆小姐比赛化妆师；

重庆卫视和芒果TV主持人化妆师；

招商银行、香港置地和威斯汀等广告宣传拍摄化妆师。

多次担任演艺人员化妆师。

微博：@LOLO-VISION

寄语："享受思想与色彩的碰撞！"

复古海报女郎造型

造型重点

复古波纹的处理是这款造型的重点。在做手推波纹的时候，要注意波纹的大小变化、固定的位置，以及纹理的干净度，这些细节处理得是否到位关系到这款造型的成败。

造型手法

①烫卷；②手推波纹；③倒梳。

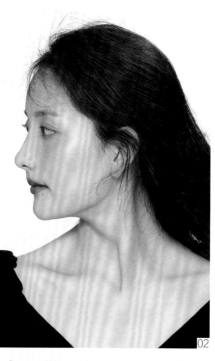

Step 01

用19号电卷棒将头发全部内扣烫卷。

Step 02

用气垫梳将烫卷的头发全部梳开。

Step 03

用精油处理毛糙的发丝，尤其是发尾。

Step 04

将头发整理到左侧，将顶部头发适当进行倒梳。

Step 05

从左侧刘海区分出发片，用尖尾梳紧贴头皮向下推，做出波纹。

Step 06

用鸭嘴夹固定波纹。

07

08

09

Step 07

采用同样的手法反方向推，并用鸭嘴夹固定。

Step 08

根据烫发的纹理，继续推出波纹并用鸭嘴夹固定。根据造型设计，此波纹将遮盖住模特的左眼。

Step 09

用猪鬃梳梳理卷发。

10

Step 10

用尖尾梳调整卷发的纹理，使整体线条圆润饱满，然后用鸭嘴夹固定。

Step 11

继续调整纹理细节。

Step 12

在调整好的纹理上喷干胶定型。

Step 13

用发蜡棒将小碎发收干净，待造型固定后取下鸭嘴夹。

11

12

13

清新仙气少女造型

造型重点

①底部的发丝不要全部收起，自然散落的状态可以营造轻松感。

②用直板夹和卷发棒相互配合处理刘海和发丝，可以使造型的层次既丰富又自然。

造型手法

①两股拧绳；②抽丝。

Step 01

用25号电卷棒将头发全部内扣烫卷。

Step 02

用手把烫卷的头发撕开，在发际线附近留出一些发丝。

Step 03

将顶区的头发进行两股拧绳处理，向前推并固定。

Step 04

在左侧区分出两股头发，采用两股拧绳的手法编至发尾。

Step 05

将拧好的发辫盘在头顶处，用一字卡固定。右侧区采用同样的手法处理。两条发辫结合形成发髻。

Step 06

将后区的头发分成左右两部分，随意留下一些发丝。

07

08

09

Step 07

将后区左侧的头发采用两股拧绳的手法处理，然后抽出发丝。将发辫向上与做好的发髻相结合并固定。

Step 08

后区右侧的头发也采用两股拧绳的手法处理，然后抽出发丝。将发辫向上与发髻结合并固定。

Step 09

对发髻进行抽丝调整，使造型更加饱满。喷干胶定型。

10

Step 10

用19号电卷棒对剩下的发丝进行烫卷处理。

Step 11

鬓角的发丝同样用19号电卷棒进行烫卷处理。

Step 12

用直板夹处理刘海区的头发。

Step 13

运用鲜花、头纱等饰品点缀发型，与灵动的发丝相结合。

11

12

13

暖冬油润裸妆

妆面重点

①妆前要做好充分的皮肤保湿护理。

②要使皮肤滋润、有光泽，而不是过分油腻反光。

③为保留皮肤质感，并突出裸妆的特点，要做好遮瑕，并保证底妆清透。

Step 01

用掌心将护肤油搓热，在经过清洁、补水的皮肤上进行提拉按摩，并做好后续保湿护理。

Step 02

对黑眼圈、鼻翼、嘴角等瑕疵或暗沉部位进行局部遮瑕。

Step 03

选用和肤色相近的粉底，轻薄、均匀地打底。

Step 04

用眼部打底膏进行眼部打底。

Step 05

用裸色眼影膏涂满眼窝。

Step 06

用浅色眼影在卧蚕部位进行打底。

Step 07

用睫毛夹将睫毛夹卷翘。

Step 08

用微珠光的米黄色眼影对上眼睑中间部位进行提亮。

Step 09

用金色眼影提亮眼头。

Step 10

用深紫色眼影膏刻画下眼睑。

Step 11

用金色眼影膏在上眼睑中间位置做局部晕染。

Step 12

用深紫色眼影膏从眼窝凹陷部位向眼尾晕染，突出眼部的色彩层次。

Step 13

用裸色唇膏为唇部打底。

Step 14

用遮瑕膏遮盖较深的眉色。

Step 15

将铁锈红色眼影作为眉粉，用其刻画出眉形。

Step 16

用唇部啫喱在眼部提亮。

Step 17

用唇部啫喱提亮唇部。

Step 18

用湿润的海绵蘸取少量护肤油，按压脸部高光位置。

Yenki

Y.L PROFESSIONAL MAKE
UP创办人兼教学总监；
英国ITEC认证国际化妆师。
2015年出版专业化妆书《全民女神：
精彩演绎至美化妆术》。
新浪微博认证知名美妆博主。
微博：@星级化妆师Yenki

寄语："化妆造型是充满挑战的职
业，可以让你感受到无限的可能。
只要你足够热爱，便能让你的生命
发光发热。"

抽丝日式鲜花新娘造型

造型重点

①枕骨位置的造型要蓬松饱满，头发的纹理和层次要清晰。为了削弱
三股辫的编发痕迹，编发的时候可以松一些。

②两股拧绳的时候不能露出头皮。

造型手法

①两股拧绳；②抽丝；③编三股辫。

Step 01

用25号电卷棒将头发简单烫卷。

Step 02

用25号电卷棒加强头顶表层头发的卷度。

Step 03

将烫卷的头发稍微打散。

Step 04

将头顶表面的头发扎成马尾，然后将马尾从固定的位置穿过，做翻转处理。

Step 05

在头顶抽丝，增加纹理感，喷干胶固定纹理。

Step 06

从右耳后侧分出一条发片。

Step 07

将分出的发片进行两股拧绳处理。在拧好的发辫中抽丝，做出纹理感。

08

09

10

Step 08

左侧采用同样的手法处理，然后将两条发辫交叉固定在马尾下面。

Step 09

在整体造型上抽丝，加强纹理感，然后喷干胶定型。

Step 10

将后区剩下的头发编成三股辫，然后抽丝，加强纹理感，尽量做到看不出编发的痕迹。

11

Step 11

用25号电卷棒烫卷侧面鬓角处的发丝。

Step 12

用25号电卷棒烫卷刘海区右侧的发丝，塑造出有弧度的刘海造型。

Step 13

另一侧的刘海用25号电卷棒做外翻烫卷。

Step 14

选择合适的鲜花发饰，点缀造型。

12

13

14

中式单卷后盘发髻造型

造型重点

①注意发区分界线的位置和各个区域的发量。

②卷筒表面要尽量光滑、干净。卷筒的摆位关系到整体造型的形态和饱满度。

造型手法

卷筒。

Step 01

用气垫梳把头发梳顺。

Step 02

将头发分成左侧发区、右侧发区、顶区和后区。

Step 03

分区的侧面效果展示。

Step 04

将后区的头发扎成低马尾。

Step 05

从低马尾中分出一条发片（约占马尾发量的1/4），然后将发片梳光滑。

Step 06

将发片做成卷筒，用鸭嘴夹固定在枕骨区。如果头发较长，可以卷成两个卷筒。

Step 07

继续分出发片，做成卷筒并固定。注意卷筒摆放的位置。

Step 08

分出第三条发片，做成卷筒并固定。注意整体轮廓的饱满度。

Step 09

分出最后一条发片，做成卷筒并固定。注意最后的两条发片要尽量卷在下方，打造低盘发髻的效果。

Step 10

将发尾收好，注意造型的形状和饱满度。

Step 11

将右侧发区的发片向后梳顺。

Step 12

将发片梳到耳后，用鸭嘴夹固定一下。将发尾卷出弧度，与后区发髻结合并固定。

Step 13

左侧发区用同样的手法处理。

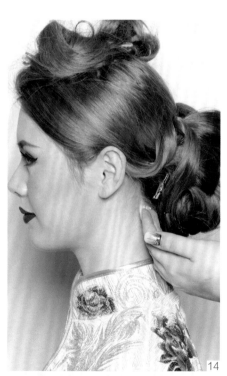

Step 14

在做好的造型上喷干胶定型。

Step 15

将顶区的头发往后梳，将发尾做成卷筒，与后区的发髻结合在一起并固定。

Step 16

调整细节，完成。

高贵欧式复古新娘妆容

妆面重点

①用亚光质感的底妆产品打造无瑕底妆。　②注意眼影层次的晕染。　③塑造出偏欧美风格的弓眉。

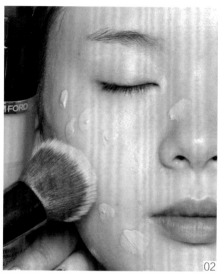

Step 01

用透明的隔离霜做好面部隔离，保护皮肤的同时也让后续的底妆更伏贴。

Step 02

用亚光且具有遮瑕功能的粉底液打造底妆，注意将粉底扫均匀。

Step 03

用遮瑕刷蘸取遮瑕膏，遮盖黑眼圈和泪沟。

Step 04

用遮瑕刷蘸取遮瑕膏，遮住鼻子泛红的位置。

Step 05

用散粉刷蘸取散粉定妆。

Step 06

用棕色眉笔描画出眉形，注意眉形必须利落、上扬。

Step 07

用棕色眉粉晕染眉头，让眉毛的颜色自然过渡。

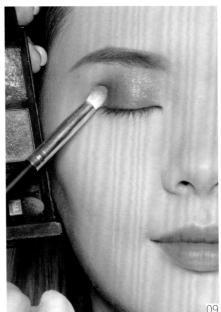

Step 08

用手指蘸取金棕色眼影，涂抹整个上眼睑，做出渐变的层次。

Step 09

用圆头眼影刷蘸取深棕色眼影，涂抹在眼尾靠近睫毛根部处，表现出眼妆的层次感。

Step 10

蘸取浅金色眼影，涂抹眼头，提亮眼头。

Step 11

用小号眼影刷蘸取眼影，涂抹下眼睑，注意颜色的晕染过渡。

Step 12

让模特直视前方，用黑色眼线液笔轻轻定位上扬眼线的角度。

Step 13

用黑色眼线液笔从眼头到眼尾描画出眼线。

Step 14

用睫毛夹夹翘睫毛。

Step 15
贴假睫毛，可以选用浓密款假睫毛，以增强眼妆质感。

Step 16
用鼻影刷蘸取阴影粉，打造高挺的鼻子轮廓。

Step 17
用阴影刷蘸取阴影粉，打造脸部轮廓。

Step 18
用高光刷蘸取浅金色高光粉，打造脸部高光。

Step 19
用腮红刷蘸取粉橘色腮红，打造脸部的红润质感。

Step 20
用唇刷蘸取大红色唇膏，描画上唇和下唇。

Step 21
描绘出圆润的唇形。

IVY

艾薇造型创始人;

化妆师联盟区域理事。

亚洲美业大赛评委,V.T高级婚纱定制创始人。曾获首尔中韩美业大赛眉形设计金奖。时尚美妆造型师,资深美妆造型讲师,培养了一批优秀化妆师。

微博:@艾薇造型IVY

寄语:"我们都有自己追求的人生,都有为自己编织的梦想。我们都有能力去实现愿望,只要我们坚定地相信。"

富贵中式造型

造型重点

①头发用鸭嘴夹固定后,要记得喷干胶定型,头发干之前需要移动鸭嘴夹,以免在头发表面留下痕迹。

②可用发蜡棒或其他产品收干净碎发,使头发表面光滑。

造型手法

①卷筒;②编三股辫;③倒梳;④做发包。

Step 01

用25号电卷棒将头发全部内扣烫卷，然后分出前区的头发备用，接着将顶区的头发倒梳。

Step 02

将倒梳后的头发表面梳光滑。

Step 03

将顶区的头发做成一个发包。

Step 04

将发包的发尾设计成卷筒，并用一字卡固定。

Step 05

将左侧耳后的头发向后梳并设计成卷筒，用一字卡固定。

Step 06

右侧耳后的头发用同样的手法处理。

Step 07

将后区剩下的头发设计成一个向上的卷筒，并用一字卡固定。

Step 08

将前区的头发中分。将右侧的头发整理出自然的弧度，用鸭嘴夹固定。

Step 09

将右侧头发的发尾梳到耳后。

Step 10

将前区右侧头发的发尾编成三股辫，固定在后区。

Step 11

将前区左侧的头发梳顺。

Step 12

将前区左侧的头发用与前区右侧头发相同的手法进行处理。

优雅低盘发造型

造型重点

①注意S形波纹的纹理要干净、光滑。同时，S形波纹要能修饰脸形。

②刘海区和后区头发的衔接要自然，整体造型要饱满。

造型手法

①做S形波纹；②卷筒；③编三股辫。

Step 01

用25号电卷棒将头发全部内扣烫卷，然后分出刘海区的头发备用，接着将后区的头发扎成一个低马尾。

Step 02

将刘海区的头发三七分。

Step 03

将刘海区右侧的头发设计成一个S形波纹，并用鸭嘴夹固定。

Step 04

将刘海区右侧剩下的头发用鸭嘴夹固定在耳后。

Step 05

将刘海区左侧的头发梳到耳后并固定。

Step 06

用刘海区左侧头发的发尾缠绕后区绑低马尾的橡皮筋，并用一字卡固定。

Step 07

将刘海区右侧头发的发尾设计成卷筒，并用一字卡固定。

Step 08

将后区的低马尾编成三股辫，用橡皮筋扎好。

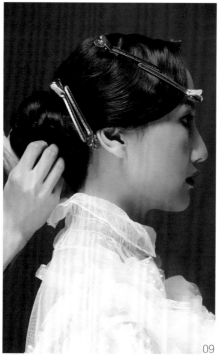

Step 09

将三股辫盘成低发髻，喷干胶定型，待定型完成后取下鸭嘴夹。

Step 10

左侧面效果展示。

法式冷艳风造型

造型重点

①可用发蜡棒或其他产品将碎发收干净，使头发表面光滑。

②马尾不可扎得过低，大约在头顶靠后的位置比较合适。

造型手法

①卷筒；②编三股辫；③做发包；④倒梳。

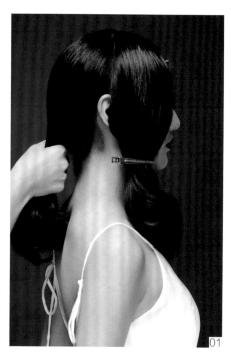
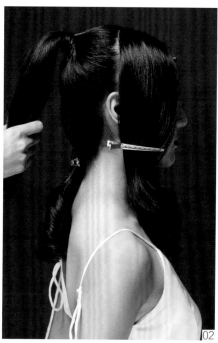

Step 01

用28号电卷棒将发尾全部内扣烫卷，然后将卷发梳开，并分出前区的头发。

Step 02

将中区的头发扎成马尾。

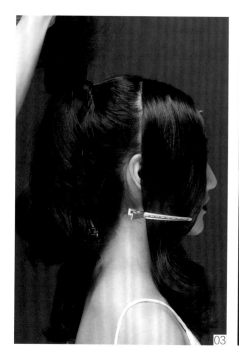

Step 03

将马尾分发片并倒梳。

Step 04

将倒梳后的头发表面梳光滑。

Step 05

将中间的头发梳成发包，在枕骨处用一字卡固定。

Step 06

将后区的头发设计成单个卷筒并在枕骨处用一字卡固定。

Step 07

将前区右侧的头发梳光滑并固定在耳后。

Step 08

将前区右侧头发的发尾编成三股辫，将三股辫固定在发包和卷筒之间。

Step 09

前区左侧用同样的手法处理。戴上饰品，造型完成。

张琪

梳末造型创始人。

微博: @梳末SHUMO-张琪

寄语："热爱才能有所成就，而坚持是唯一的捷径。"

复古毛绒小卷发造型

造型重点

烫发时，头发表层小卷间的间距要基本相等。刘海区侧面的小卷可以往脸部方向倾斜，这样可以更好地修饰脸形。正面刘海区的发丝可以处理得张扬一点。

造型手法

①烫发；②撕发。

Step 01
用26号电卷棒将长发部分内扣烫卷。

Step 02
用9号电卷棒将刘海区的头发内扣烫卷。

Step 03
在手上涂抹柔顺胶，用手把烫好的头发撕开。

Step 04
用气垫梳把头发梳顺，保持头发的厚重感。

Step 05
在头发表层以同等间距、同等发量的方式分出发片，用9号电卷棒依次将发片内扣烫卷。

Step 06
用手把烫好的小卷撕开，做成具有毛茸茸质感的发丝。

Step 07
刘海区的小卷也用手撕开，注意发卷摆放的方向。

Step 08

预留出边缘的小卷发丝，把后区的头发全部收起来。注意收的时候发丝要松散一点，不能太紧，衔接好耳后区毛茸茸质感的发丝。

Step 09

选择一个金色发夹，把后区的头发固定成一个蓬松的低马尾，然后用小卷覆盖在低马尾表面，使造型饱满。

Step 10

用9号电卷棒将耳朵边缘的发丝再次烫卷，然后整理好发丝的弧度。

Step 11

用9号电卷棒对刘海区的一些发丝再进行精细化处理。

Step 12

在刘海区提拉一些发丝，营造不规则感，并喷干胶定型。

Step 13

将刘海区衔接两侧区的发丝调整好，并喷干胶定型。注意造型的饱满度。在顶区拉出一个发卷，用U形卡固定，使其立起，接着喷干胶定型。

Step 14

调整后区发丝的轮廓，然后喷干胶定型。

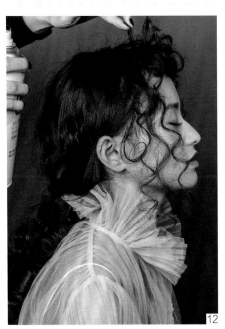

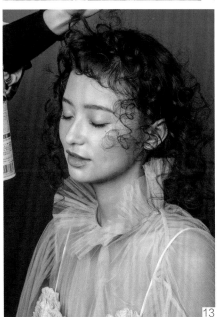

慵懒时尚少女感造型

造型重点

用直板夹打造出正反向慵懒卷，体现出乱中有序的发型状态。

造型手法

①正反向烫卷；②撕发。

Step 01

先用气垫梳把杂乱的头发梳开、梳顺。

Step 02

用直板夹以正反向烫卷的手法将头发全部烫卷。

Step 03

用手撕开卷发。

Step 04

边喷干胶边撕拉发丝，提升整体造型的饱满度。

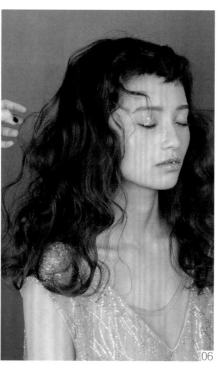

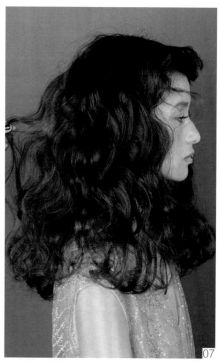

Step 05

将刘海区右侧的发丝扯向额头方向，并喷干胶定型，营造氛围感。

Step 06

将侧面的头发拉出空气感，并喷干胶定型。

Step 07

将后面的头发拉出空气感，并喷干胶定型。

Step 08

调整刘海区的发丝，并喷干胶定型。

Step 09

在右侧耳朵上方分出发片，用橡皮筋扎起，露出耳朵，体现出造型的年轻感和活力感。

Step 10

戴上合适的耳饰，然后喷干胶对整体轮廓定型。

俏皮时尚编发造型

造型重点

①编发的时候，不能将头发编得太紧，避免露出头皮。

②抽发丝的时候，手法可以灵活一些，避免太死板。

造型手法

①编三股辫；②抽丝。

Step 01

用发蜡将毛糙的头发整理好。

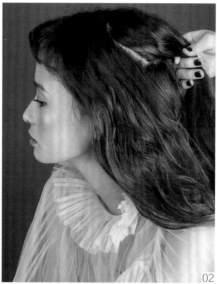

Step 02

分出椭圆形的顶区头发，注意发量要适中。

Step 03

将顶区的头发编成三股辫，并用橡皮筋扎起，然后在发辫上抽丝。

Step 04

将发辫以打圈的方式盘在顶区并固定成发髻。注意保留发尾的造型感。

Step 05

将左侧区的头发编成三股辫并用橡皮筋扎起。抽出发丝，并将发辫围绕顶区的发髻用一字卡固定。

Step 06

右侧区的头发用同样的手法处理。注意发辫之间的相互衔接。

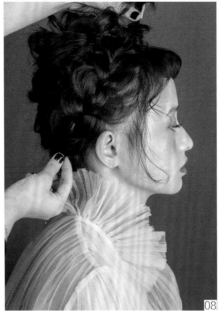

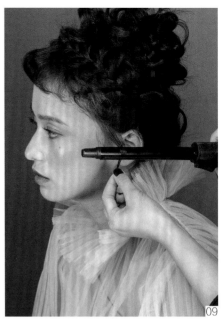

Step 07

将后区的头发分成左右两部分。将左边的头发编成三股辫并用橡皮筋扎起。在发辫上抽出发丝，再围绕顶区的造型固定。注意保留发尾的造型感。

Step 08

后区右边的头发用同样的手法处理。注意头发之间的衔接。

Step 09

用9号电卷棒将两侧鬓角的头发内扣烫卷。

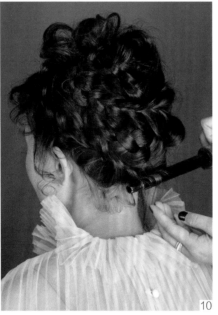

Step 10

用9号电卷棒将后区脖子处的小短发内扣烫卷，并喷干胶定型。

Step 11

将刘海区的发丝调整好，并喷干胶定型。

Step 12

将两侧鬓角的头发往脸部方向拉，并喷干胶定型。

Step 13

选择手工花饰品佩戴，一边喷干胶一边调整造型。

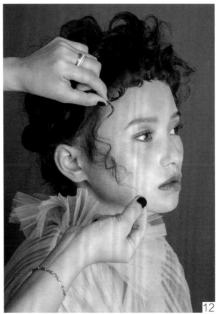

郑春兰

谷兰美妆教育集团联合创始人之一；
广州谷兰美妆艺术深造中心校长。
美业优秀教育导师；
形象设计专业评审员；
职业技能鉴定考评员；
中国国际美妆节导师。
2016年受邀赴日本参加中日化妆
造型交流会；
2017年担任东南亚实用新娘化妆
造型演示会特邀化妆讲师；
2017年担任第五届全国美妆职业
技能大赛总裁判长。
曾担任历届全国美妆职业技能大
赛特邀专家评委。
微博:@谷兰尚妆兰儿

寄语:"优雅于行,清正于心,立身
以德。"

森系田园新娘造型

造型重点

①做发型前,要将头发的发根烫卷,这样做出来的造型才能蓬松、自然、饱满。

②编发之前,要先在头发上打点液体发蜡,以免做出来的头发太过毛糙。

③抽丝的时候要把头发尽量拉松,让发量增多,以免露出发际线。

造型手法

①三加二编发；②抽丝；③编三股辫。

Step 01

造型前将头发全部烫卷，以耳尖与头顶的连线为界将头发分成前后两个区。前区的发量分少一点，以免前区的头发给人以厚重的感觉。

Step 02

从后区头发中分出顶区的头发，发量占后区的1/3左右。

Step 03

将顶区的头发编成三股辫。编之前先将头发梳顺，以免抽丝的时候产生毛糙的感觉，导致纹理不清晰。

Step 04

在发辫上抽丝，以增加发量。抽丝的时候尽量往上提而不是只往两边抽宽。这样做出的发型不容易松。

Step 05

继续抽丝，调整造型，使造型更加蓬松自然，有纹理感。将纹理整理好后喷上干胶，等1~2秒再松手，定型效果会更好。

Step 06

将后区剩余的头发平均分成左右两份。

Step 07

采用三加二编发的手法发将后区左边的头发编成发辫。注意不要将头发编得太紧。

Step 08

在编好的发辫上抽出发丝。抽丝的时候尽量往上提，而不是只往两边抽宽。这样才能使头发更立体蓬松。后区右边的头发用同样的手法处理。

Step 09

将后区编好的三条辫子再用编三股辫的手法编在一起。注意不要把辫子编得太紧。

Step 10

编至发尾，用橡皮筋将发尾扎好，在后区形成一个大V形的轮廓。

Step 11

将前区的头发进行中分，分界线呈S形，这样不容易露出发际线。

Step 12

将前区右侧的头发用三加二编发的手法编好。注意不要把头发编得太紧，以免头发太实，显得死板。

Step 13

为了增加发量，突显蓬松感，可以将头发抽松一些。

Step 14

将发辫绕过后发区，用一字卡固定在左侧耳后，发尾可以塞到头发里面藏起来。前区左侧的头发用同样的手法处理。

Step 15
将发辫绕过后区，用一字卡固定在右侧耳后，发尾可以塞到头发里面藏起来。

Step 16
将绿色藤条作为花环的基础戴在发辫上。

Step 17
在前区左侧搭配清新的鲜花饰品。注意主花和辅花之间的层次，主花的旁边有辅花的点缀才能产生延伸效果。

Step 18
在前区右侧搭配同样的鲜花饰品，左右呼应，但又要避免对称。

Step 19
在后区点缀鲜花饰品，使后区造型更加丰富，也使花环更加完整。主花之间要有间隔，不要太满。

Step 20
在后区大V形轮廓造型上点缀小巧的花朵，使造型层次更丰富。注意点缀的花朵不能太大。

Step 21
梳理刘海和碎发，喷干胶定型。注意刘海要随意自然，干胶不能喷太多，发丝最好和花相结合，这样才能更好地呼应。

甜美花漾新娘造型

造型重点

①用两股拧绳的手法做造型，切忌将头发拧得太紧，以免露出头皮。

②如果进行两股拧绳的时候露出了头皮，需要用U形卡将头皮两侧的头发夹在一起。

造型手法

①两股添加拧绳；②抽丝；③两股拧绳。

Step 01

将头发烫卷，尤其是头发的发根，这样头发才能蓬松饱满。然后将头发分成前后两区。接着从后区头发中分出顶区的头发并进行两股拧绳处理。

Step 02

将拧好的发辫抽松后团成小发髻，固定在顶区。发髻要做得小一些，这样抽丝后的大小才合适。

Step 03

在后区右侧分出发片，进行两股添加拧绳处理，一直编到左侧。编一部分后就用U形卡固定，以免编到后面的时候，前面的头发松了，露出头皮。

Step 04

将编好的头发向右折，连接做好的小发髻。要将发辫适当抽松，避免做完的造型太实。

05

Step 05

将后区剩余的头发从左向右进行两股添加拧绳处理。

06

Step 06

将拧好的发辫向左折，连接上面做好的发辫，弥补发型轮廓的不足，并遮盖露出的头皮。

07

Step 07

将发尾再向右折，在造型中发量较少的位置补充。

08

Step 08

将前区的头发中分，分界线呈S形。这样不容易露出明显的头皮。将右边的头发进行两股添加拧绳处理。注意不要拧得太紧，以免露出头皮。

09

Step 09

在拧好的发辫上抽出发丝。如果发量多就不用抽得太松；如果发量少就尽量抽松，以增加发量。

10

Step 10

将处理好的发辫向上绕着小发髻固定。发尾绕几圈再用U形卡固定，避免松掉。

Step 11

将前区左侧的头发用两股拧绳手法处理。注意不要将头发拧太紧。

Step 12

将拧好的头发绕向后区，抽出发丝，以增加发量。

Step 13

将发尾向上固定在发量较少的地方。注意从整体观察造型，哪里发量较少就补哪里。

Step 14

将刘海区的碎发梳顺，喷上干胶定型，注意要修饰脸形。如果想让发丝有飘逸感，干胶喷完后等1~2秒再放手。

Step 15

将粉色玫瑰叠加戴在刘海上方，作为头饰的主体。

Step 16

在前区加上辅花作为延伸点缀，增加造型的柔美感。花梗比较粗硬，可以用U形卡固定。在后区点缀鲜花，使后区的造型更加丰富，有层次感。

中式复古龙凤褂造型

造型重点

①做手推波纹的时候一定要根据烫好的纹路推，否则取掉鸭嘴夹后波纹会弹起来。根据烫发的纹路推出来的波纹，喷很少的干胶也可以轻松固定住。

②前区做手推波纹的头发一定要分得很少。这样不仅容易固定，而且可以轻松做出轻薄的效果。

造型手法

①手推波纹；②做单卷；③编三股辫；④倒梳。

Step 01

将头发分成前区、顶区和后区。将顶区的头发用橡皮筋扎成马尾。在后区左右两侧各分出一部分头发备用，剩余的头发扎成一个低马尾。

Step 02

从顶区的马尾中分出一条发片，在表面抹上发蜡，梳理光滑后向上做单卷。如果发量太少，也可以倒梳后将表面梳顺再做单卷。

Step 03

将留出的发尾向上摆出层次，与单卷结合在一起。头顶需要做出一个小高髻。

Step 04

将后区左侧留出的头发倒梳，以增加发量，使造型更加饱满。

Step 05

将后区左侧的头发表面梳光滑，然后向中间拧包固定。左侧留出头发是为了更好地遮盖头皮。

Step 06

将后区右侧留出的头发倒梳，把表面梳顺，然后向中间拧包固定。

Step 07

将后区右侧头发的发尾做成单卷，与顶区的单卷连接在一起，这样可以提高造型的饱满度。

Step 08

将前区的头发中分，在两侧各分出两指宽的发片，用电卷棒烫卷，头发不要分出太多，否则波纹不好定型。

Step 09

将前区左侧没有烫卷的头发向后方梳理干净，并在耳后固定。这些头发是给接下来做波纹刘海做底部固定用的。

Step 10

将前区右侧没有烫卷的头发向后方梳理干净，并在耳后固定。如果发量少，一定要倒梳，以增加发量，以免从前面看两侧会显得窄。

Step 11

用手将前区左侧烫好的头发推出波纹，并在头发边缘拉出薄薄的效果。这样可以使刘海显得轻盈。

Step 12

将推好的手推波纹用鸭嘴夹固定，然后继续做出第二个手推波纹效果。注意，发量少比发量多更容易定型。

Step 13

用手将前区右侧的头发推出手推波纹。头发根部先用小鸭嘴夹固定，这样在发根的位置可以形成S形的纹理效果。

Step 14

将做好的手推波纹用鸭嘴夹固定。想要定型效果更好，可以把鸭嘴夹掰弯一些再固定。

Step 15

继续做出第二个手推波纹，并在头发边缘撕出发丝。撕开的头发要尽量靠近眼角，这样从正面才会更容易看到波纹。

Step 16

将发尾固定在耳朵后方，并喷干胶定型。等定型后再取下鸭嘴夹。

Step 17

将顶区的马尾梳理干净，并用尖尾梳向下推出波纹。一定要根据烫发的卷度推。

Step 18

将推好的波纹用鸭嘴夹固定。

Step 19

手推波纹一左一右呈S形。将发尾做成一个圆圈，用小鸭嘴夹固定。

Step 20

头发定型后取下鸭嘴夹。将后区已经扎好的马尾编成三股辫，用橡皮筋扎好。如果想要三股辫更宽，可以将两边抽松一些。

Step 21

将三股辫从下向上折起来，发尾从左边绕出来，向右边做一个单卷。这样可以把橡皮筋挡住。

Step 22

戴上古装头箍，遮挡住头皮。前区和顶区的分界线可以尽量靠前一些，这样饰品就可以往前戴，从正面看更容易出效果。

Step 23

继续在后面戴上华丽的古装饰品，与前面的饰品结合。

Step 24

在两侧戴上流苏饰品，把露出的头皮遮挡住。

Step 25

在露出头皮的位置继续戴上点缀的古装饰品。在左右两侧插上发簪和步摇，使造型更加华丽。

周燕昕

贝尔婚纱造型工作室创办人；
整体化妆造型讲师；
尖端时尚视觉搭配造型师。
作品涉及婚纱造型、化妆教学、商业广告造型、妆面设计、妆面珠宝搭配等多个领域。先后赴韩国、日本、新加坡等多地深造，每年在杭州、上海、长沙均有个人课程开展。通过长期的美妆造型实践形成了自己的设计理念，擅长根据每个人的五官特点打造极具个人特质的妆面造型。
微博：@贝尔婚纱造型工作室

寄语："化妆是一门技术，更是一门艺术。想要从事化妆工作，你需要发自内心地热爱，更需要日复一日地坚持和创造！"

黛西·轻复古妆容

妆面重点

①根据模特的脸部特征设计妆面，突出优势，弱化缺点。

②轻复古讲究的是回味无穷的韵味，腮红的打法尤为关键。

Step 01
依次使用爽肤水、精华和保湿乳液做好妆前保湿工作，使整体妆容更加自然、伏贴。

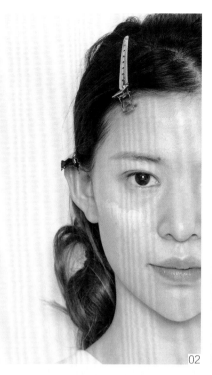

Step 02
选择轻薄透气、比模特肤色稍微白一点的隔离霜提亮肤色，同时保护皮肤。

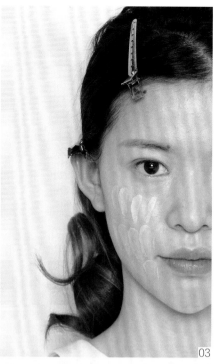

Step 03
因为模特的肌肤比较白，所以用象牙白粉底液为模特均匀肤色。

Step 04
用大号散粉刷少量多次地刷上散粉定妆。

Step 05
选择浅金色眼影，在眼窝处打底。

Step 06
选择红棕色眼影，加深眼头和眼尾。

Step 07

用睫毛夹将睫毛夹翘，可以多夹几次，注意眼尾睫毛的卷翘度。

Step 08

给模特贴上浓密款假睫毛。

Step 09

眼妆完成后的效果展示。

Step 10

选择与模特头发颜色相近的棕色眉笔画眉。

Step 11

用橘色腮红在眼下大面积晕染，注意腮红与眼妆之间的融合与过渡。

Step 12

用番茄红色唇釉从唇中间向外晕染，妆面完成。

倾城之恋·时尚复古妆容

妆面重点

①眼线与睫毛的弧度应保持一致,让整个眼妆更精致自然。

②腮红是妆面的重点,多种颜色叠加使用,可以打造出渐变的效果,妩媚且不刻板。

Step 01

因为模特的皮肤较干,所以依次选择适用于干性皮肤的爽肤水、精华和保湿乳液,做好妆前保湿工作。

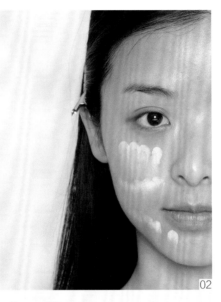

Step 02

选择轻薄、透气、保湿效果比较好的隔离霜提亮肤色。

Step 03

用橘色遮瑕膏遮盖黑眼圈。

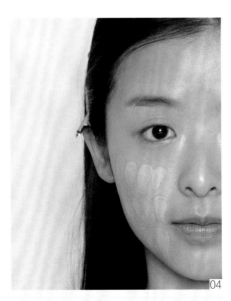

Step 04

选择自然色粉底液均匀肤色。

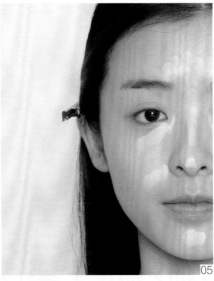

Step 05

用提亮液分别对T区、泪沟、法令纹和下巴处进行提亮。

Step 06

用大号散粉刷少量多次地上散粉定妆。

07

08

09

Step 07

选择微珠光近肤色眼影，在眼窝处进行打底。

Step 08

用金棕色眼影加深眼尾。

Step 09

用睫毛夹将睫毛夹翘，可以多夹几次，注意眼尾睫毛的卷翘度。

10

Step 10

画眼线。注意眼线与睫毛的卷翘度应保持一致，然后贴上自然款假睫毛。

Step 11

选择灰棕色眉笔，勾画出眉形，眉尾与眼线的弧度应相呼应。

Step 12

选择草莓色和橘色腮红，由颧骨处往鼻翼过渡。

Step 13

打造饱满的双唇。用唇刷将BIOLIGHT 08号唇釉在唇线内轻轻推开。

11

12

13